労働安全衛生マネジメントシステム

ISO 45001の経営マネジメントシステムへの統合ガイド 5ステップ

平林 良人・斉藤 忠／共著

JN212663

日本規格協会

ま え が き

ISO 45001 には事業プロセスに関して次のような要求事項及び注記がある.

5.1　リーダーシップ及びコミットメント

（中略）

c) 組織の事業プロセスへの労働安全衛生マネジメントシステム要求事項の統合を確実にする.

（中略）

注記　この規格で"事業"という場合は，組織の存在の目的の中核となる活動という広義の意味で解釈され得る.

　本書のテーマはこの箇条にある労働安全衛生マネジメントシステム ISO 45001 の要求事項を経営マネジメントシステムに統合する方法について述べることである.

　組織を運営するための経営マネジメントシステム（A）に，ISO 45001 で要求されたマネジメントシステム要求事項（B）を統合するということは，同じ対象及び目的に対して，A と B という少し異なったアプローチをとっているものを，矛盾がないようにする総合的な作業であるといえる. 少し異なると表現したが，これが全く異なる A，B のシステムであったなら，このような手間のかかる作業は必要ない.

　そこで，本書では，マネジメントシステムやプロセス，事業プロセスとは何かということを検討し，事業プロセスと労働安全衛生マネジメントシステム要求事項との統合はどのように進めればよいかについてヒントを示すことを目的にしている.

本書の構成及びその内容の概略は次のとおりである.

序章　マネジメントシステムの統合

統合の全貌を要約して理解するに便利な章である.本書のタイトルである "ISO 45001 の経営マネジメントシステムへの統合" の概要を述べている.統合の目的,そもそもマネジメントシステムとは何か,経営マネジメントシステム (A) と,ISO のマネジメントシステム (B) の説明と両者の整合をとる考え方など本書全体の内容を概説している.

第1章　労働安全衛生マネジメントシステム規格

この章は,ISO 45001 の経営マネジメントシステムの統合に直接触れていないので,基礎知識のある方は読み飛ばしていただいて構わない.本書の対象である労働安全衛生,そして労働安全衛生マネジメントシステム規格についての社会ニーズ,自主的な取組みの意義,さらに ILO(国際労働機関)との関係,旧規格 OHSAS 18001,ISO 45001 略説などの基礎知識を解説している.

第2章　プロセス

統合に必要となる知識の章である.プロセスは,仕事の複雑性,多様性,資源,負荷などの規模によっての大小がある.経営マネジメントシステム (A) と ISO のマネジメントシステム (B) は,両者ともプロセスを扱っているが,プロセス規模の大小の違いに留意しないと整合性がとれない.プロセスは規模を分解することで,大きいプロセスから小さいプロセスに展開できる.A には,主要分野,支援分野及び経営分野の3分野のプロセスがあることを説明し,プロセスの計画,プロセスの管理について触れている.

第3章　事業プロセス

やはり統合に必要となる知識の章である.ISO 45001 箇条5には,事業プロセスに ISO 45001 要求事項を統合することを求めている規定がある.すなわち,経営マネジメントシステム (A) の主要要素である事業プロセスに ISO 45001 の要求事項 (B) を整合させ入れ込むことを要求している.ISO 45001

には"事業プロセス"の定義がないので，本章でAPQC（米国生産性品質センター）のモデルと日本品質管理学会のモデルを紹介しながら，事業プロセスを解説している．

第4章　統合する方法

　本書の目的である，"ISO 45001の経営マネジメントシステムへの統合"の方法を5ステップで説明している．第2章，第3章の内容を理解した上で本章を読んでいただくと，具体的にどのように統合を行うのかが理解できると思う．統合の方法を理解しやすくするために，架空の会社"令和工業"を事例に取り上げ，実践的な解説をしている．

　労働安全は一朝一夕の努力では，事故ゼロという成果に結び付かない。組織挙げての長年にわたる継続的な活動が何よりも大切である。ISO 45001は労働安全を確保し維持するための必要事項を規定しているが，多くの今までのマネジメントシステムの例に見るように形骸化することは避けなければならない。そのための一つの対応策が"経営マネジメントシステムへの統合"である。

　労働災害ゼロを目標に日常活動に従事されている組織の皆様に本書が役に立つことを願っている。

令和最初の年に　平林　良人

目　　次

序章　マネジメントシステムの統合　　11

0.1　マネジメントシステム …………………………………………………　12

0.2　マネジメントシステムのプロセス ………………………………………　13

0.3　経営マネジメントシステムの側面 ………………………………………　14

0.4　経営マネジメントシステムの構造 ………………………………………　16

0.5　ISO のマネジメントシステムの構造 …………………………………　18

0.6　経営マネジメントシステムと ISO 45001 マネジメントシステム
　　との整合 ……………………………………………………………………　20

0.7　統合された経営マネジメントシステム …………………………………　21

第1章　労働安全衛生マネジメントシステム規格　　25

1.1　社会的ニーズ ………………………………………………………………　26

1.2　自主的な対応をうながすマネジメントシステム ……………………　27

1.3　労働安全衛生の考え方 ……………………………………………………　28

1.4　自主的な取組みの有効性 …………………………………………………　29

1.5　ISO と ILO における規格開発の経緯 ………………………………　32

1.6　OHSAS 18001:2007 ………………………………………………………　33

1.7　ISO 45001:2018 の概要 …………………………………………………　34

第2章　プロセス　　41

第3章　事業プロセス　　59

第4章　統合する方法　　75

マネジメントシステムの統合

ISO 45001 には，職場で災害を起こさないための OHS（労働安全衛生）に関する有益な規定が多く含まれている．この規格にあることを読み解いて組織の中で実践すれば間違いなく労働災害は減るし，健康で衛生的な職場環境を作り上げることができるであろう．しかし，組織の現実を無視して ISO 45001 要求事項だけを取り出したものをマネジメントシステムだと称して構築しようとしても，それでは成果は出ず空振りに終わるだけである．もし体裁だけを取り繕うような取組みをしようとしても，組織で働いている人たちの協力を得ることは難しい．働く人の協力が得られるのは，メリットがあると感じたことに対してだけである．誰しも目の前にやらなければならない仕事が山積みになっている現状においては，現状から遊離した業務の推進は単なるスローガンとしてしか受け止められず，無理やり押し付けても成果につながらない．

この章では，マネジメントシステムやプロセスに触れながら ISO 45001 を経営に統合するということの意味について考えてみたい．

0.1　マネジメントシステム

“マネジメントシステムとは何か”をきちんと説明しようとすると，思ったより大変である．“マネジメント”は理解できても，“システム”は漠然としか理解できない．“システム”という言葉は，我々の日常生活において交通安全システム，教育システム，人事システム，コンピュータシステムなど，多くのところで使われているが，日常生活であまりその意味するところを考える機会はない．

組織は生まれたときから，顧客に製品及びサービスを提供し，その結果収益を上げることで成長し，やがて組織の業務は固定化され，毎年少しずつ改善されながら，今の業務の進め方に至っている．起業したばかりの企業は別として，5 年も経つとその業務の進め方はある程度標準化され，組織として公式な仕事のやり方が規定されてくる．この組織の規定した業務の進め方は，マネジメントシステムと呼んでよく，全ての組織にはマネジメントシステムが組織固有の

ものとして存在している．本書ではそれを"経営マネジメントシステム"と呼ぶことにしたい（詳しくは 0.2 節で述べる）．

なお，規格の定義を確認しておくと，マネジメントシステムは，ISO 45001 箇条 3.10 に次のように定義されている．"方針及び目標，並びにその目標を達成するためのプロセスを確立するための，相互に関連する又は相互に作用する，組織の一連の要素"（第 1 章 1.7 節参照）．

一連の要素とは，システム構成要素のことで，方針，目標，プロセス，組織構造，役割及び責任，計画及び運用などをいう．箇条 3.10 注記には，"システムの要素には，組織の構造，役割及び責任，計画及び運用が含まれる"と記述されている．

0.2　マネジメントシステムのプロセス

では，プロセスとは何であろうか．ISO 45001 箇条 5.1 には"組織の事業プロセスへの労働安全衛生マネジメントシステム（OHSMS）要求事項の統合を確実にする"という規定がある．"プロセス"という用語もわかりづらいので，ここで少し解説をする（第 2 章"プロセス"を参照）．プロセスは日本語でいうところの"工程"であるが，業務における一連の活動と定義されている．組織の誰もがプロセスをもっている．第一線の現場従業員から，課長，部長，役員，そして社長まで全員が何かしらのプロセスに従事しているはずである．もし，自分はプロセスをもっていない，という人がいたら，その人は何も仕事をしていないことになる．

これがプロセスの概念であるが，理解しなければならないのは，プロセスには規模の大小がある，ということである．部長は私より地位が高いので，私の製造の仕事より大きなプロセスに従事している，という表現は地位とプロセスを混同している．部長の管理職という仕事と私の製造という仕事は，プロセスの観点からは同じような規模の大きさであるかもしれない．ここで規模というのは，プロセスのもつ仕事の複雑性，多様性，資源，負荷などを総合して意味

する言葉である．本書において，プロセスが大きいとか，小さいとかいう表現
は，したがってプロセスが包含している仕事の複雑性，多様性，資源，負荷な
どの大きさ，小ささを意味している．一つのプロセスはいくつかのサブプロセ
スに分解できるが，3段階くらい分解すると，その大きさは現実に管理できる
複雑性，多様性，資源，負荷になる．このレベルまでに分解されたプロセスを
"管理できる"プロセスという．

　この大小のプロセスによって構成された，組織の業務の進め方こそが前述し
た経営マネジメントシステムなのである．この経営マネジメントシステムには，
経営するためのあらゆる要素が入っている．例えば，CSR（最近では ESG），
企業統治，遵法，組織運営，研究開発，財務，人事，労務，福利厚生，品質，
環境，安全，情報セキュリティなどであり，これにはとどまらない．

0.3　経営マネジメントシステムの側面

　経営マネジメントシステムは，図 0-1 "経営マネジメントシステム"に見る
ように，主要ないくつかの面をもっている．図 0-1 には品質，環境，安全，財
務の四つの面が示されているが，本書ではこれら四つの面の間の，すなわち品
質，環境，安全，財務の統合は扱わない．あくまでも，労働安全衛生という一
つの面と事業との統合を扱う．経営マネジメントシステムの計画（中長期経営
計画，事業計画など）の推進は，研究開発計画，受注計画，設計計画，設備計
画，調達計画，製造計画，納入計画などに展開されるが，いずれの計画も品質，
環境，安全，財務の4面を無視できない．組織は日々これらの計画を活動に
展開し，課題を解決しながら，次の目標に対してアクションをとっていくとい
う運用をしている（PDCA サイクル）．組織によっては，採用計画，教育計画，
品質管理計画，環境保全計画，安全衛生計画なども作成する．

　これら組織の"経営マネジメントシステム（経営 MS）"と ISO マネジメン
トシステム（ISOMS）との関係をいえば，品質管理計画は ISO 9001，環境保
全計画は ISO 14001，安全衛生計画は ISO 45001 と関係付けることができる．

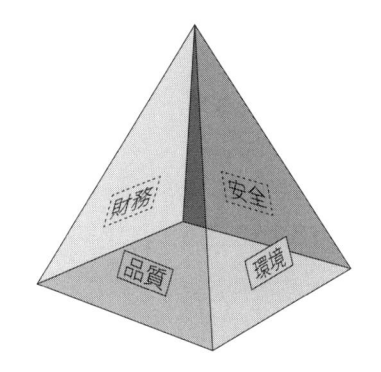

図 0-1　経営マネジメントシステム

　ISO マネジメントシステム規格（ISO/MSS：ISO/Management System Standard）は，組織が必要としかつ重要視する分野をテーマとして開発しているので，ISO 規格分野に対応する経営マネジメントシステム要素が組織に存在するのは当然のことである．

　したがって，組織が ISO マネジメントシステム規格に基づいて品質，環境，労働安全衛生のマネジメントシステムなどを構築しようとする場合，組織には既にそれらに対応するシステム構成要素がある程度存在していることを認識し，それらとの整合を図らなければならない．さもなければ，類似した活動が個別に行われ，組織として統一した活動ができなくなってしまうからである．経営マネジメントシステムと ISO 規格との整合性を曖昧にして，組織に ISO マネジメントシステム規格を導入すると，下記のような結果になることは論理展開の上からは明らかである．

・経営マネジメントシステムが優先される．
　なぜならばトップが興味をもつ方に組織は動くからである．
・ISO マネジメントシステム（ISOMS）は無視され形骸化する．トップが
　リーダーシップを発揮しないことに対しては，部下は興味をもたない．
・認証のためだけのマネジメントシステムになる．
　営業ツールとしての ISO 認証には経営マネジメントシステムとの統合は

必要ない.

・認証を維持しても労働安全衛生のパフォーマンスは向上しない.

　経営マネジメントシステムと整合しないマネジメントシステムは労働災害を減らす成果に結び付かない.

・成果のない仕組みを入札・調達の条件にしていることに社会から疑問が呈(てい)される.

・組織のパフォーマンス向上につながると期待されたが，成果が出ないことがはっきりすると，入札などの条件からは外される.

・ISO のマネジメントシステムは成果に結び付くものでなければならない.

　制度はスタートした初期の状態，ISO マネジメントシステムは組織のパフォーマンス向上のために取り組む，という状態に戻る.

　"経営マネジメントシステム" と整合しない ISO 45001 活動を別に運用するようだと，以上の考察のように，いわば宣伝材料のような営業ツールとしてのシステム構築となってしまい，本来の目的である労働災害の低減につながらないことになりかねないのである.

0.4　経営マネジメントシステムの構造

　ここで，組織に存在している経営マネジメントシステムについて簡単に説明しておきたい.

　多くの組織では，期首に事業計画を立て，それを実施し，四半期ごと評価し，修正を加えながら期末に 1 年の総括を行うという活動を行っている. この PDCA に沿って行われる活動こそが経営マネジメントシステムなのである.

　さらに，米国のマイケル・ポーター，マクネア C.J. などの経営学者は，組織には次の 3 分野のシステム構成要素（プロセス，活動などを含む）があるとしている（2.2 "プロセス規模の大小"，2.3 "プロセス分析" で詳述する）.

① "主要分野"：製品及びサービスを提供するプロセス

　主要分野には，顧客に付加価値を提供するプロセス，すなわち市場調査，

商品企画，設計，生産準備，調達，製造及びサービス提供，保管 / 保存 /
物流，アフターサービスなどのプロセスがある．

② **"支援分野"：組織の基本機能を支えるプロセス**

支援分野には，人事，総務，経理，情報 / インフラ，環境，労働安全，品
質保証などの管理部門のプロセスがある．

③ **"経営分野"：経営層が行うプロセス**

経営分野には，ビジョン，中期計画，事業計画，経営管理，四半期評価，
年度決算，利害関係者管理などマネジメント全般をカバーするプロセス
がある．

　システムを構成する①〜③と PDCA の構造を図にまとめると図 0-2 "経営
マネジメントシステムのシステム構成要素" のようになる．

　本書では，この三つのシステム構成要素に注目して，事業と ISO 45001 の
統合について考えていく．

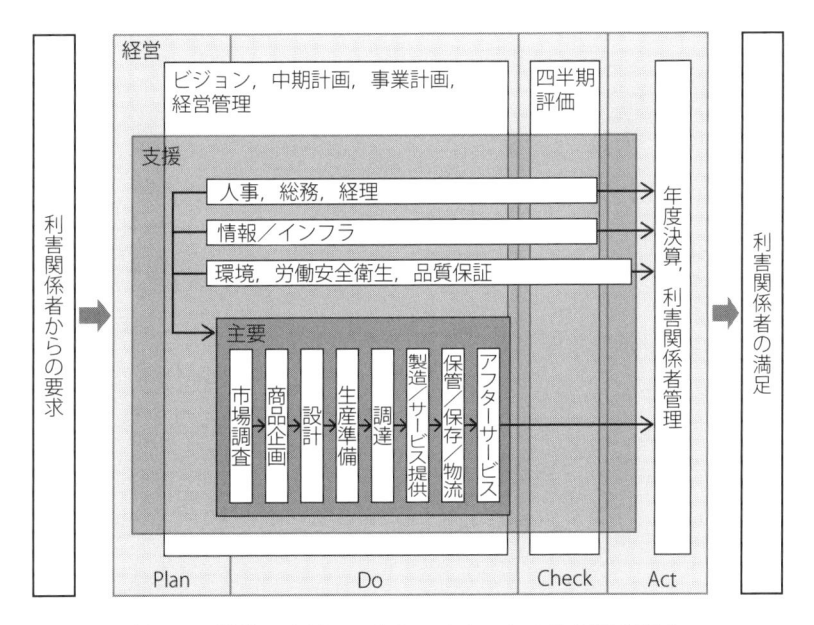

図 0-2　経営マネジメントシステムのシステム構成要素

0.5　ISO のマネジメントシステムの構造

ISO は，マネジメントシステム規格の枠組み（箇条構成，用語と定義，共通文書）の統一を図るために，2012 年に附属書 SL "共通テキスト"[※1] という文書を発行した．共通テキストは ISO マネジメントシステムの枠組みを規定するものとして，2012 年 5 月以降新たに ISO マネジメントシステム規格を作成・改訂する場合には準拠することを義務付けた，規格作成の専門家向けの指針である．

ISO 45001 も共通テキストに従って作成されている．共通テキストに基づいた ISO マネジメントシステム規格は，それ以前にも ISO 9001（品質），ISO 14001（環境），ISO/IEC 27001（情報セキュリティ），ISO 22301（事業継続）などの多くのマネジメントシステム分野で発行され，ISO 45001 は共通テキストに基づいた 9 番目の規格になる．

1987 年に ISO 9001，1996 年に ISO 14001 が発行されて以来，ISO はマネジメントシステム規格をいろいろな分野で発行してきたが（認証用として約 30 規格），ユーザは複数の ISO マネジメントシステム規格を活用しようとする際に，ISO 規格どうしの不整合に不便を感じてきた．それぞれのマネジメントシステム規格の要求事項，用語及び定義が微妙に異なっていたからであるが，その結果，規格の意図さえも正しく伝わらないという副作用まで引き起こしていた．

ISO は，この問題を解決するために，2006 年に JTCG（Joint Task Coordination Group）という専門チームを設置して，5 年間にわたって検討を続けた．その結果，すべての ISO マネジメントシステム規格に適用できる共通の構造，テキスト，用語及び定義を定めた．これが ISO/IEC 専門業務用指針の統合版に規定された ISO 補足指針（附属書 SL）の共通テキストとなった．

※1　2019 年 6 月に改訂され附属書 L と名称が変わった．

　共通テキストは，ISO 規格作成に関わる専門家向けに作成された指針であるが，ISO マネジメントシステム規格に共通の要求事項が規定されているので，ユーザも知っておくとよい．共通テキストに従って作成された ISO 規格は，複数の規格を組織に適用させようとする際には，効率のよい構築，運用を行うことができる．

　共通テキストの箇条構成は次のようになっている．

　　序文
　　箇条 1　適用範囲
　　箇条 2　引用規格
　　箇条 3　用語及び定義
　　箇条 4　組織の状況
　　箇条 5　リーダーシップ
　　箇条 6　計画
　　箇条 7　支援
　　箇条 8　運用
　　箇条 9　パフォーマンス評価
　　箇条 10　改善

ISO 45001 の箇条をそのまま組織の OHS マネジメントシステム構造にしようとすると，図 0-3 のようなシステム構成要素の順序と相互関係のチャートが描ける．

　図 0-2 "経営マネジメントシステムのシステム構成要素" と図 0-3 "ISO 箇条に沿ったシステム構成要素" を比較すると，お互いに共通の要素を見いだすことはできるがその関係は入り組んだものになる．図 0-3 には，図 0-2 のよう

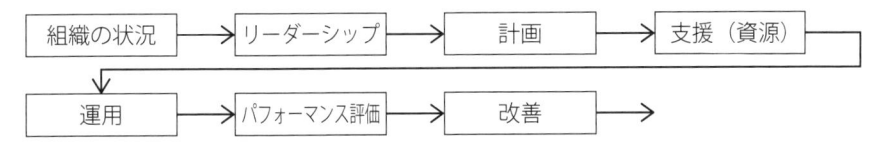

図 0-3　ISO 箇条に沿ったシステム構成要素

な主要分野，支援分野，経営分野のような区分がない．図 0-2 は組織構造（組織図）を念頭において活動（プロセス）を表しているのに対して，図 0-3 は労働安全衛生を念頭において活動を表しているからである．

0.6　経営マネジメントシステムと ISO 45001 マネジメントシステムとの整合

図 0-2 の "経営マネジメントシステム（経営 MS）のシステム構成要素（経営 MS システム構成要素）" と，図 0-3 "ISO 箇条に沿ったシステム構成要素" の ISO 45001 マネジメントシステムのシステム構成要素（ISOMS システム構成要素）の整合をとるには，次の 2 ステップを踏むとよい．

●ステップ 1

図 0-2 "経営マネジメントシステムのシステム構成要素" を縦に，経営マネジメントシステムシステム構成要素である主要分野，支援分野，経営分野の三つを横に区分する．一般的な組織では表 0-1 のようになるであろうが，組織によって異なる場合がある．

表 0-1　例 1 "主要・支援・経営別 ISOMS のシステム構成要素関連表"

ISOMS の システム構成要素	経営 MS の システム構成要素 の主要分野	経営 MS の システム構成要素 の支援分野	経営 MS の システム構成要素 の経営分野
組織の状況			○
リーダーシップ			○
計画		○	
支援(資源)	○	○	
運用	○	○	○
パフォーマンス評価	○	○	○
改善	○	○	○

●**ステップ 2**

　次に経営 MS のシステム構成要素の主要分野，支援分野，経営分野それぞ
れにあるプロセス（活動）を明確にする．表 0-2 の例は製造業の多くに当ては
まるが，組織によって異なる場合も多い．

　ステップ 1 の目的は，労働安全衛生主体で作られている ISO 45001 箇条と
経営マネジメントシステムとの整合を確認することである．ステップ 2 の目的
は，さらに ISO 45001 箇条の要求事項が，組織構造のどの分野のプロセスと関
係があるのかを明確にすることにある．ここでいうプロセスは，ISO 45001 が
箇条 5 に記述している"事業プロセス"を意味する．この 2 ステップを踏むこ
とで，ISO 45001 箇条 5.1 が要求する"事業プロセスに労働安全衛生マネジメ
ントシステム要求事項を統合する"ことのスタートが切れる．経営において，
この統合された労働安全衛生マネジメントシステムが確立，運用されると，現
在の労働安全衛生の状態を今後も継続かつ改善することの可能性が高まり，
働く人を始めとする利害関係者のニーズ及び期待により応えることができる．

0.7　統合された経営マネジメントシステム

　本書では品質，環境，財務を扱わないが，参考に経営マネジメントシステムの
主要要素が統合された組織のイメージ図を図 0-4 "経営マネジメントシステムに
おける固有部分と共通部分"に掲げる．このイメージ図では，主要要素として品
質，環境，安全，財務の 4 分野が描かれ，その立体図が組織ピラミッドとしての
経営マネジメントシステムをイメージしている．組織には，これら 4 分野以外多
くの経営要素がある．例えば，情報管理，リスク管理，コンプライアンス管理，
CSR/SDGs 管理，株主管理などは，組織にはどれも必要なものであろう．した
がって，4 角錐のピラミッドは 6 角錐，8 角錐，やがては円錐に近くなっていく．
その全ての土台にあるものが共通部分である組織理念，ビジョン，定款，取締役
会規定，組織規程，全組織風土，文化あるいはガバナンスなどである．

表 0-2　例 2 "主要・支援・経営別 ISOMS のシステム構成要素項目関連表"

ISOMS の システム構成要素	経営 MS の システム構成要素 の主要分野	経営 MS の システム構成要素 の支援分野	経営 MS の システム構成要素 の経営分野
組織の状況			中期計画，事業計画
リーダーシップ			中期計画，事業計画
計画		労働安全衛生	
支援（資源）	市場調査，商品企画，設計，生産準備，調達，製造 / サービス提供，保管 / 保存 / 物流，アフターサービス	労働安全衛生	
運用	市場調査，商品企画，設計，生産準備，調達，製造 / サービス提供，保管 / 保存 / 物流，アフターサービス	人事，総務，経理，情報 / インフラ，環境，労働安全衛生，品質保証	ビジョン，中期計画，事業計画，経営管理，四半期評価，年度決算，利害関係者管理
パフォーマンス評価	市場調査，商品企画，設計，生産準備，調達，製造 / サービス提供，保管 / 保存 / 物流，アフターサービス	人事，総務，経理，情報 / インフラ，環境，労働安全衛生，品質保証	ビジョン，中期計画，事業計画，経営管理，四半期評価，年度決算，利害関係者管理
改善	市場調査，商品企画，設計，生産準備，調達，製造 / サービス提供，保管 / 保存 / 物流，アフターサービス	人事，総務，経理，情報 / インフラ，環境，労働安全衛生，品質保証	ビジョン，中期計画，事業計画，経営管理，四半期評価，年度決算，利害関係者管理

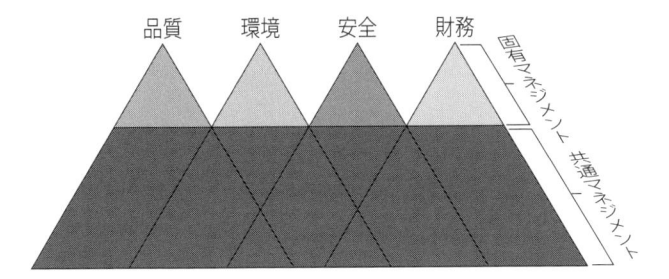

図 0-4　経営マネジメントシステムにおける固有部分と共通部分

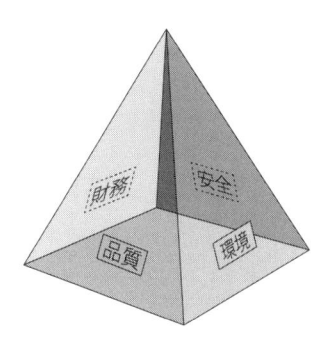

図 0-1　上図を組立てた組織ピラミッド（再掲）

第1章

労働安全衛生マネジメントシステム規格

1.1　社会的ニーズ

　日本においては，組織が法的規制などを通じて労働災害の撲滅に努力を重ねた結果，2017 年度には労働災害による年間の死亡者数が 1,000 人を割り込んだ．1972 年，労働安全衛生法が施行された年は，産業界を上げて死亡者数5,000 人を下回るよう事故防止撲滅活動に躍起となって取り組んだ．その頃とは隔世の感のある年間死亡者数を見ると日本の労働安全衛生活動は一定の成果を上げてきたといえる．2016 年の ILO 調査においては世界では年間 250 万もの人が労働災害で死亡しており，ここからも日本は年々改善してきたといえる．しかし，労災対策の先進国，例えば英国と比較すると，依然として多くの労働者が重篤災害の被害にあっているのも事実であり，更に労働安全衛生活動の実効性を上げていかなければならない．

　2018 年には "働き方改革関連法" が議論され，以下の法律改正が成立し2019 年 4 月から施行となる（法律により，また中小企業への適用により施行時期に違いがある）が，職場の事故防止のみならず健康で快適な職場作りがより強く求められるようになる．

　　・労働基準法改正

　　・労働安全衛生法改正

　　・パートタイム労働法改正

　　・労働契約法改正

　　・労働者派遣法改正

　このように，いつの時代にも，組織はその時々の社会的ニーズに対応してより改善された職場づくりに努力をしていかなければならない．働き方改革関連法の施行により，次のようなことが変わることになる．

　①　残業時間の上限は原則月 45 時間，年間 360 時間に制限する．

　②　年間 10 日以上の休暇が付与されている全ての労働者には，時季を決めて年間 5 日の有給休暇を必ず与える．

　③　正規雇用労働者と非正規雇用労働者（パートタイム労働者・有期雇用労

働者・派遣労働者）の待遇の差は合理的なものにする．

④　産業医が労働者の健康管理等を適切に行うために必要な情報を提供する．

⑤　産業医から受けた勧告の内容は，事業場の労使や産業医で構成する衛生委員会に報告する．

⑥　産業医等が労働者からの健康相談に応じるための体制整備に努める．

⑦　労働者の健康情報の収集，保管，使用及び適正な管理について指針を定め，労働者は安心して事業場で健康相談，健康診断，ストレスチェックなどを受けられる．

1.2　自主的な対応をうながすマネジメントシステム

　労働安全衛生は，基本的には法律の規制によって社会で一律に実施していくべきものであるが，法律による強制的な推進に加えて自主的なコントロールも効果があるといわれている．そのことは，英国のローベンス卿の名前をとった"ローベンス報告書"（1.4 節参照）に詳しい．自主的な対応が効果を上げるという理論的根拠は，"組織は，強制法規に対してはその規制を最小限に適用しようとするが自主的対応（マネジメントシステム）は最大限に適用しようとする"ところにあるといわれる．

　労働安全衛生マネジメントの目的は，人間尊重の理念に基づき，産業活動がもたらす危険を排除して，災害や事故を防止し，さらには技術革新などによる新しい形の危険の発生をなくし，働く人々はもちろん，国民一般も健康で快適な生活を享受できるようにすることである．これらの目的を達成するための基本は，企業経営を行う事業者自らがその責任において災害や事故の未然防止を図ることである．ノウハウや技能，経験に依存する労働安全衛生技術はそのままでは標準とはなりにくいものであり，労働安全衛生を標準化し，"システム"としての労働安全衛生を確立していくことが必要になる．

　このシステムこそが，"労働安全衛生マネジメント"であり，その時々のパフォーマンスに一喜一憂しているのではなく，重要な要素を仕組み化して，制

度として機能させることが組織に必要なことである.

1.3　労働安全衛生の考え方

労働安全衛生を推進する基本思想は，次のとおりである.

　　・"人"を最重要視する.

　　・"人"は誤りをすることを考慮する.

　　・教育・訓練だけでは労働安全衛生は向上しない.

　　・機械（ハード）と制度（ソフト）の両方で労働安全衛生を向上させる.

また，労働安全衛生運用の基本は，次のとおりである.

　　・労働安全衛生の実施はトップマネジメントがリーダーシップをとる.

　　・労働災害は根本原因にまで対策をとる.

　　・機械は故障し，人間は誤りを犯すことを前提に労働安全衛生対策を考える.

　　・機械の設計，製造，据付，運転，保守などの前段階で，先手（proactive）
　　　に労働安全衛生対応を考える.

　　・安全である，衛生的であるという判断は客観的証拠による.

そして，労働安全衛生のための要素は，大きく次の三つに分類される.

(1)　マネジメント（管理）

　事故，災害などを起こさないために，主に人間の行為，行動をマネジメントすることで安全を確保しようとする要素

(2)　機械化，自動化

　人の判断や管理手段によらず，主として機械的，ハード的な手段により，労働安全衛生を確保しようとする要素

(3)　災害レベル低減化

　事故は必ず起きることを認め，事故が起こっても災害にならないようにするか，災害になっても小さな範囲に留めるようにする要素

　労働安全衛生をマネジメントする管理者は，その職務を遂行するに当たって

は，以下のような労働安全衛生の前提を考慮する必要がある．

・人の安全衛生は何ものにも優先するものである．
・労働安全衛生は論理的に確認され，かつ，また，立証される必要がある．
・"危険は忘れたころやってくる"の原則を忘れない．
・労働安全衛生の向上は生産性を向上させる．

　以上のようなこと仕組みにする，すなわちシステムにすることがISO 45001の命題である．労働安全衛生マネジメントシステム（OHSMS）は，組織の全員が決められたことを確実に行うことによって効果を発揮するツールである．組織では，"ある時期は一生懸命に行うものの，時間が経つと忘れてしまい，最終的には誰も見向きもしない"ということがよくある．組織の労働安全衛生にはOHSMSの構築は有用なツールであるが，逆にOHSMSだけでは労働災害の防止はできない．

　組織には，管理技術と固有技術の両方が必要である．組織が従来進めてきた労働安全衛生確保に関する固有の知識，技術，技能は，ますます高めていかなければならない．この固有技術がないところには，いくら立派な管理技術，すなわちOHSMSを構築しても有効なものにはならない．固有技術と管理技術両方の向上があってはじめてOHSMSも改善されていくものである．

1.4　自主的な取組みの有効性

　英国の労働災害による死亡者数が日本のそれと比較して低いことはよくいわれる．その理由に，両国の産業構造の違いが挙げられるが，日本と英国の間にある安全活動に対する考え方や手段に大きな相違があることも挙げられる．

　注目されるのは，英国で定着している労働安全衛生マネジメントシステムの存在である．法による規制だけでは労働災害の防止には根本的な手が打てないことが"ローベンス報告書"で説明されている．安全は，"人の心"のあり方に頼らざるを得ない面があり，法による規制だけでは，ムチで強制的に追いや

られるようなもので，消極的な対応になることが多く，残念ながら長続きしない．人が本当にやる気になったときは，日ごろ想像できないようなよい結果を生み出す．全ての人に共通していえることは，自分がその気になったとき，すなわち自発的にやるときに成果が出るのである．ここにボランタリーな取組みである労働安全衛生マネジメントシステム構築の意義がある．

ローベンス報告書

　今日の英国での労働安全衛生政策の立案と執行に当たって，根幹となるのは1972年に提出されたローベンス報告での提言・勧告にあるといわれている．提出以来30年を経た今日でも，同報告はその輝きを失っておらず，現在も英国での労働安全衛生政策に大きな影響を与えている．

　このローベンス報告とは，ローベンス卿を委員長とする7名からなる委員会による2年間の調査活動の後に提出された報告書である．

　同委員会が諮問された内容は，安全衛生に関する法整備のあり方や自主的活動による安全衛生確保と法規制のバランスを図るための政策執行のあり方，安全衛生対象領域の拡大等，要するに時代の変化に対応した新たな安全衛生に向けたビジョン策定のための諮問である．ローベンス委員会では，当時の安全衛生法令とその執行に関して次の3点を問題として挙げている．

(1)　あまりにも法律が多過ぎること

　既に九つの法令群とそれ以下の約500もの詳細な規則があり，かつこれらは年々増加している．このように膨大な法律は，人々に安全衛生は単に外部機関から課せられた細かな規則へ対応する法律問題としてのみえるように条件付けてしまう．

　また重要な点として，労働災害，職業性疾病への対応の第一義的責任は，危険を作り出している人々とその危険のもとで働いている人々にある．さらに，従来の制度は国家規制に依存しすぎており，個人の責任や自主性，自発的努力は軽んぜられており，この不均衡は是正されるべきである．また，政府施策の役割は，日常事象の微細な規定策定にあるのではなく，産業界自身による安全

衛生組織とその活動へ影響を与える枠組づくりにある.

(2)　法律の多くが本質的に不備である

　多くの法律の構成が悪く，かつ余りにも細かく複雑になっている. 同時にこれらの法律が，適用対象である事業場のラインマネジャー等，法律の専門家でない者にとって理解不可能な言語とスタイルによって書かれている. またこれらの法律は，機械の安全装置，採光，換気等の物理的環境防護に重点が置かれ，作業態度や行動に影響を及ぼす人的要因や組織要因が無視されており，時代の変化に対応した最新の状態を保持することができていない. 時代遅れが安全衛生規定の慢性病である.

(3)　行政管轄が細分化されている

　過去の歴史的経緯から，産業安全衛生行政管轄が多くの機関に分割されている. このため，個別の事業所レベルでは複数の監督機関による多数の安全衛生法規に支配される職場がある一方で，他方の極として，安全衛生法規による保護が全くの適用外となっている職場（労働者）がある. また監督機関レベルでは，管轄が複雑で錯綜し非効率な行政となっており，さらに国家レベルでの産業安全衛生政策決定と執行過程では，関係機関協議等により多大な時間を要する事態となっている.

　委員会は，上記欠陥は既存システムの部分的改善では修復できず，全面的なオーバーホールが必要であると結論付けている. 報告では，これらの指摘を踏まえて，

  1)　職場での安全・衛生のあり方

  2)　産業レベル（団体）の活動

  3)　新法令の枠組み

  4)　新法令の形態と内容

  5)　新法律の適用と範囲

等の広範な勧告を行っているが，重要な事柄は，

  1)　一元化した安全衛生行政執行体制の確立

  2)　法令構成の明確化と体系化

3) 自主基準の活用と自主安全活動の促進と展開，の提言にある.

【出典】（独）産業安全研究所　平成 15 年技術情報 "英国における最近の労働安全政策の動向" 花安繁郎

1.5　ISO と ILO における規格開発の経緯

労働安全衛生マネジメントシステム規格 ISO 45001 は 2018 年 3 月に発行されたが，ここに至るまでには長い歴史があった.

ISO（International Organization for Standardization：国際標準化機構）が労働安全衛生マネジメントシステム（OHSMS）規格を議論し始めたのは，1994 年 ISO/TC 207 第 2 回のゴールドコースト（オーストラリア）総会であったといわれる. ISO/TC 207 とは，環境マネジメントシステム専門技術委員会のことであるが，規格の適用範囲を巡っての議論があった. 組織が排出する劇毒物，有機溶剤，騒音，廃棄物等などの管理をどのように扱うか，環境と労働安全衛生との区別がはっきりしない中で，規格適用範囲の境界を決めなければならなかった.

議論の結果，組織の外領域への影響は環境マネジメントシステムで取り扱い，組織の内領域への影響は OHSMS で取り扱うことになった.

そのような背景のもと，ISO は 1996 年にジュネーブで各国の利害関係者を集めて OHSMS に関するワークショップを開催した. このワークショップへの各国の関心は強いものがあり，44 か国，6 国際機関から約 400 人の専門家が集まった. 2 日間に及ぶ議論では，OHSMS の ISO 規格化に賛否両論の意見が繰り広げられたが，最終的には多数決で反対と結論が出され時期尚早ということで OHSMS の ISO 化は見送られた.

この背景には，労働安全衛生マネジメントシステムの国際規格の制定を巡り ILO（International Labor Organization：国際労働機関）との活動領域を巡っての対立があったとされる. ILO は，第一次世界大戦後 1919 年に創設された世界の労働者の労働条件と生活水準の改善を目的とする国連の専門機関で

あり，国際的に労働者の権利を守る国際機関として長らく活動してきた．かたや ISO も第一次世界大戦後 1926 年，IEC（International Electro technical Commission：国際電気標準会議）と同様な理念，すなわち世界の消費者に良質で安全な製品を供給し消費者が安心して使用できるように，工業製品の標準化を進めるためにできた国際機関であり，その本部はやはりスイスのジュネーブにある．その定款には次のようなことが目的として掲げられている．

① 　国際標準は営利でなく，コンセンサスと平等な投票制により形成されるべきであるという理解のもと，国際標準の究極的な権威を各国標準に根付かせる．

② 　各国における標準化活動の情報交換にシンプルかつシステマティックな方法を提供することで，標準化に対する国際理解が得られるような手広い活動を展開する．

1.6　OHSAS 18001:2007

1998 年，BSI（英国規格協会）は，OHSMS 規格の策定のための国際コンソーシアムを各国に呼びかけた．BSI の呼びかけに呼応した組織は世界で約 30 機関あったが，日本からも日本規格協会，中央労働災害防止協会，高圧ガス保安協会，テクノファの 4 組織が参加表明した．この世界グループはその後 OHSAS グループと呼ばれるが，OHSMS 審査登録用規格の制定に向けて協議を継続し，1999 年 4 月に OHSAS 18001 を制定した．その後制定された OHSAS 18002（ガイド規格）と併せて，コンソーシアム規格 OHSAS 18001 / 18002 と呼ばれるようになった．

OHSAS 18001 は ISO 規格ではなかったが，タイミングよく当時の第三者認証制度の波に乗り，OHSMS 審査登録の基準規格として活用された．この BSI の戦略は世界的に徐々に広まり，2010 年には世界で約 20 万件の認証証が発行されるまでになった．日本においても 2017 年までには，約 2,000 件の認証証が発行されている．

1.7　ISO 45001:2018 の概要

　ここでは，ISO 45001 の概要を説明する．詳細については，JIS Q 45001 の規格票及び『ISO 45001 要求事項の解説』（日本規格協会発行）を参考にしていただきたい．

【箇条1　適用範囲】

　ISO 45001 の目的を次のように説明している．

　"この規格は，労働安全衛生（OH＆S）マネジメントシステムの要求事項について規定する．また，労働安全衛生パフォーマンスを積極的に向上させ，労働に関連する負傷及び疾病を防止することによって，組織が安全で健康的な職場を提供できるようにするために，利用の手引を記載している．"

【箇条2　引用規格】

　この規格には，引用規格はない．

【箇条3　用語及び定義】

　37 種の用語が定義されているが，主な用語 19 種を次に示す．

・3.3　働く人（worker）

　組織（3.1）の管理下で労働する又は労働に関わる活動を行う者．

　　注記1　労働又は労働に関わる活動は，正規又は一時的，断続的又は季節的，臨時又はパートタイムなど，有給又は無給で，様々な取決めの下に行われる．

　　注記2　働く人には，トップマネジメント（3.12），管理職及び非管理職が含まれる．

　　注記3　組織の管理下で行われる労働又は労働に関わる活動は，組織が雇用する働く人が行っている場合，又は外部提供者，請負者，個人，派遣労働者，及び組織の状況によって，

組織が労働又は労働に関わる活動の管理を分担するその他の人が行っている場合がある.

・**3.4 参加（participation）**

意思決定への関与.

> **注記** 参加には安全衛生に関する委員会及び働く人の代表（いる場合）を関与させることを含む.

・**3.5 協議（consultation）**

意思決定をする前に意見を求めること.

> **注記** 協議には安全衛生に関する委員会及び働く人の代表（いる場合）を関与させることを含む.

・**3.6 職場（workplace）**

・**3.7 請負者（contractor）**

・**3.10 マネジメントシステム（management system）**

・**3.11 労働安全衛生マネジメントシステム（occupational health and safety management system）**

OH＆Sマネジメントシステム（OH＆S management system）

労働安全衛生方針（3.15）を達成するために使用されるマネジメントシステム（3.10）又はマネジメントシステムの一部.

> **注記1** 労働安全衛生マネジメントシステムの意図した成果は，働く人（3.3）の負傷及び疾病（3.18）を防止すること，並びに安全で健康的な職場（3.6）を提供することである.
>
> **注記2** "OH＆S"と"OSH"の意味は同じである.

・**3.18 負傷及び疾病（injury and ill health）**

人の身体，精神又は認知状態への悪影響.

> **注記1** 業務上の疾病，疾患及び死亡は，これらの悪影響に含まれる.
>
> **注記2** "負傷及び疾病"という用語は，負傷又は疾病が単独又は一緒に存在することを意味する.

- **3.19　危険源（hazard）**
- **3.20　リスク（risk）**
- **3.21　労働安全衛生リスク（occupational health and safety risk）**
- **3.22　労働安全衛生機会（occupational health and safety opportunity）**

　　OH＆S機会（OH＆S opportunity）

- **3.25　プロセス（process）**
- **3.26　手順（procedure）**

　活動又はプロセス（3.25）を実行するための所定のやり方.

　　注記　手順は文書化してもしなくてもよい.

　（**出典**：JIS Q 9000:2015 の 3.4.5 を修正.　**注記**を修正した.）

- **3.27　パフォーマンス（performance）**

　測定可能な結果.

　　注記1　パフォーマンスは，定量的又は定性的な所見のいずれにも関連し得る.　結果は，定性的又は定量的な方法で判断し，評価することができる.

　　注記2　パフォーマンスは，活動，プロセス（3.25），製品（サービスを含む.），システム又は組織（3.1）の運営管理に関連し得る.

- **3.28　労働安全衛生パフォーマンス（occupational health and safety performance）**

　　OH＆Sパフォーマンス（OH＆S performance）

　働く人（3.3）の負傷及び疾病（3.18）の防止の有効性，並びに安全で健康的な職場（3.6）の提供に関わるパフォーマンス（3.27）.

- **3.29　外部委託する（outsource）（動詞）**
- **3.32　監査（audit）**
- **3.35　インシデント（incident）**

　結果として負傷及び疾病（3.18）を生じた又は生じ得た，労働に起

因する又は労働の過程での出来事.

> **注記 1**　負傷及び疾病が生じたインシデントを "事故 (accident)" と呼ぶこともある.
>
> **注記 2**　負傷及び疾病は発生していないが，発生する可能性があるインシデントは，"ニアミス (near-miss)"，"ヒヤリ・ハット (near-hit)" 又は "危機一髪 (close call)" と呼ぶこともある.
>
> **注記 3**　一件のインシデントに関して一つ又は二つ以上の不適合 (3.34) が存在することがあり得るが，インシデントは不適合がない場合でも発生することがあり得る.

【箇条 4　組織の状況】

ここからは要求事項が規定されている. 最初の箇条 4 は，共通テキストを基にしたものであり，組織が置かれている状況を理解して 労働安全衛生マネジメントシステムを構築すべきであるとし，利害関係者のニーズと期待を考慮し，労働安全衛生マネジメントシステムの適用範囲を決定することを求めている.

また，労働安全衛生マネジメントシステムに必要なプロセスの明確化を要求している.

【箇条 5　リーダーシップ及び働く人の参加】

労働安全衛生マネジメントシステムの成功はトップマネジメントのリーダーシップ及びコミットメント，働く人の参加にあるとしている. トップマネジメントに対して 13 項目にわたる具体的な項目を要求するとともに，労働安全衛生方針の決定，組織の役割・責任及び権限の割り当てを求めている.

また，働く人の協議及び参加のプロセスの確立を要求している.

【箇条6　計画】

　共通テキストに規定されている“リスク，機会”，及び ISO 45001 に固有の“労働安全衛生リスク，労働安全衛生機会”の4種類（2種類のリスク，2種類の機会）を決定し，それぞれのリスク，機会を評価することを求めている．前者は，“マネジメントシステムのその他のリスク，マネジメントシステムのその他の機会”と称されている．労働安全衛生リスクの評価においては危険源の特定が必要である．

　また，評価したリスクと機会への取り組みの計画を策定すること，法的要求事項の決定，労働安全衛生目標などの設定を求めている．この箇条では，4種類のプロセスの確立が求められている．

　・危険源の特定のプロセス
　・2種類のリスクの評価のプロセス
　・2種類の機会の評価のプロセス
　・法的要求事項及びその他の要求事項決定のプロセス

【箇条7　支援】

　労働安全衛生パフォーマンスを維持・向上させるために必要な資源の決定・提供，要員の力量管理，認識を持たせることを求めている．また，内部及び外部のコミュニケーションに必要なプロセスの確立を求めている．

　さらに，文書化した情報の管理について要求している．

【箇条8　運用】

　労働安全衛生マネジメントシステムの要求を満足させるためのプロセスを計画し，実施し，かつ，管理することを要求している．危険源の除去及び労働安全衛生リスクの低減はこの箇条で重要な要求であり，労働安全衛生リスクを低減するプロセスを設定し，管理策を決定することを規定している．

　また，変更の管理のためのプロセスを確立すること，調達を管理するプロセス，緊急事態への準備及び対応のプロセスを確立することを要求している．

さらに，緊急事態への準備及び対応のために必要なプロセスの確立，実施，維持を要求している．

【箇条 9 パフォーマンス評価】

モニタリング，測定，分析及びパフォーマンス評価のプロセス，法的要求事項及びその他の要求事項への適合を評価するプロセスを確立することを要求している．さらに，労働安全衛生マネジメントシステムの内部監査を実施すること，トップマネジメントに対してマネジメントレビューを実施することを要求している．

【箇条 10 改善】

改善の機会を決定し，労働安全衛生マネジメントシステムの意図した成果を達成するために，必要な取組みを実施することを要求している．

さらに，労働安全衛生の報告，調査及び処置を含めた，インシデント，不適合及び是正処置のプロセスの確立を求めている．

第2章

プロセス

　経営マネジメントシステム（A）と ISO のマネジメントシステム（B）との統合を図るためには，両者が扱うプロセスについての理解が不可欠である．そこで，第 2 章では，プロセスとは何かから，プロセスを設計すること，プロセスを管理することの意味について解説する．

2.1　プロセスとは

　図 2-1 “プロセスのイメージ”のように，事業プロセスを理解するためにはプロセスの概念を明確にし，理解しておかなければならない．ISO 45001 ではプロセスを“インプットをアウトプットに変換する，相互に関連する又は相互に作用する一連の活動”と定義している．

　このプロセスの定義から，プロセスは一連の活動であると理解できるが，組織の活動との関係から捉えると理解しやすい．俯瞰して見ると，組織の活動は図 2-1 に見るように顧客からの要求（注文，仕様など）をインプットにして，顧客が期待する製品及びサービスを提供（アウトプット）するために必要になる，いくつもの一連の活動，すなわちプロセスから成り立っているといえる．製品及びサービスを提供するために必要になるプロセス（営業，設計，調達，製造，サービス提供，アフターサービスなど）もあれば，それを支援するプロセス（総務，人事，経理など）などもある．

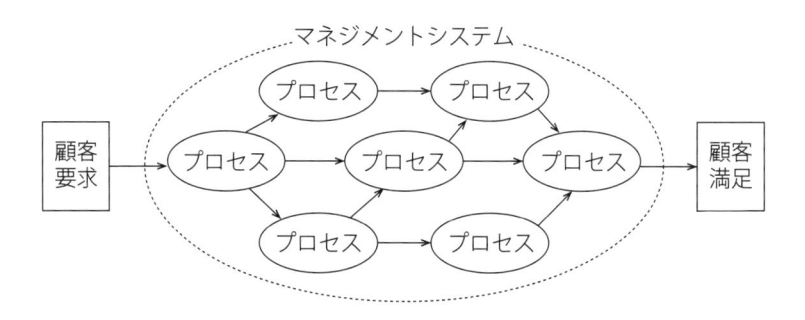

図 2-1　プロセスのイメージ

1980年代，日本の産業界ではTQC（Total Quality Control: 全社的品質管理）を盛んに推進していたが，そこでは事業における一連の活動を"工程"と呼んでおり，工程管理はモノづくりの根幹である日常管理の重要な要素であった．この工程の主たる対象は，工場の製造ラインであったが，産業構造の比重がハードのモノづくりからソフトなサービス提供に移っていく過程で，管理部門にも工程という概念が取り入れられていった．また，ISOマネジメントシステム規格の普及に従って，工程という用語は"プロセス"という用語に置き替えられていった．

ISOで定義されたプロセスは，インプットに価値を加えることで，その成果物であるアウトプットを生成する一連の活動であるのに対し，TQCでは，その基本的な考え方である"品質は工程で作り込む"を具体的に展開するように工程を設計し，製品，サービスの品質を作り込んで顧客ニーズに合致するよう設計することを求めた．

プロセスはみな，製品やサービスの提供を行うためになくてはならない過程である．各プロセスでの目的を実現するためには，効果的で効率的なプロセスを構築することが組織に求められており，その方法は様々なものが考えられる．組織の成果を最大限にするための手段の一つがプロセスの計画であり，徹底したプロセス分析に基づいた業務の推進は組織にとって極めて重要なことである．

そのため，プロセスには目的・目標が無ければならない．図2-2 "商品企画

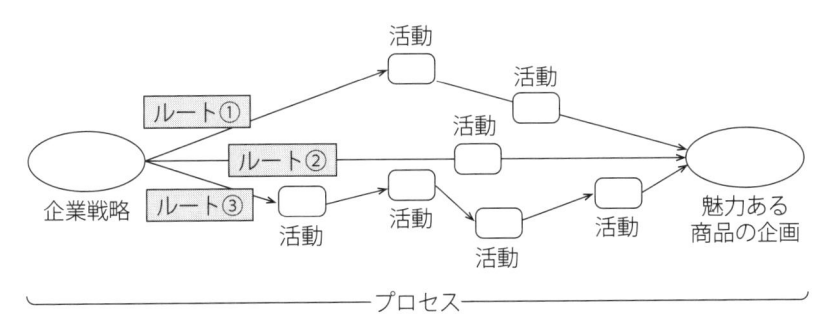

図 2-2 商品企画プロセスと活動のイメージ

プロセスと活動のイメージ"は"商品企画"という一つのプロセスの一連の活動を模擬的に表している. プロセス"商品企画"の目的・目標(魅力ある商品の企画)の達成にはいろいろな活動のルートが考えられる.

組織は目的・目標を効率的に達成するために, どのような活動の連続が最良なルート(方法)であるかをそれぞれのプロセスにおいて分析しなければ熾烈な競争に勝てない(2.3節参照).

2.2 プロセスの規模の大小

プロセスには規模の大小があるが, マイケル・ポーター, マクネア C.J. などの研究者は, プロセスの大小についてはなにも触れていない. しかし, 組織が製品・サービスの品質, コスト, 納期を保証するためには, プロセスをあるレベルにまで小さく分解することが, プロセスの計画(2.4節, 3.3節 P.73下線部参照)の上で有効である. 小さく分解されたプロセスは作業手順書に落とし込まれ, 落とし込まれた内容は作業者によってそのとおり実行され, その一連の活動の連続により目標とするアウトプットが得られる.

どこまで小さく分解するかについては統一的な基準はなく, プロセスが包含している仕事の複雑性, 多様性, 資源, 負荷などから総合的に判断することでよい. 一つのプロセスはいくつかのサブプロセスに分解できるが, 一般に3段階くらい分解すると, 一人がカバーできる複雑性, 多様性, 資源, 負荷になる. このレベルまでに分解されたプロセスを"管理できる"プロセスという. 組織がプロセスを計画するときに, プロセスの大きさを"管理することのできる大きさ, 意味ある小ささ"のプロセスにすることが, プロセスの計画の基本的な概念になる. この概念を基にプロセス(活動)の規模の大小を決めるとよいが, 経験的には次のようなことがいえる.

① **プロセスの達成目標の性質によって決まる**

上位者のプロセスほど細分化されない. 一方担当者のプロセスは細分化の度合いは大きく, 小さいプロセスになる.

② **従事する人の技能，知識，訓練レベルによって決まる**

技能，知識，訓練レベルが高いほど細分化されない，レベルが低いと細分化の度合いは大きく，小さいプロセスになる．

③ **機械装置などを使用するプロセスは細分化の度合いは大きく，小さいプロセスになる**

機械，設備，装置などの操作手順は厳密に決まっているので，それらに関係する活動は詳細なステップを決めておかなければならない．

④ **プロセスの細分化の度合いが大きいほど活動の順序は厳密に決まってくる**

大量生産工場の作業は，一挙手一投足まで作業指示書あるいは画像などのビジュアル手段でその順序が決められている．

自動車産業や航空宇宙産業においては，詳細にプロセスの内容を規定することが求められている．細分化されたプロセスの活動は，プロセスの計画も詳細に行うことが要求され，そうすることで計画通りの結果が得られることになる．

プロセスを分解する概念を図 2-3 "プロセスの分解" に示す．

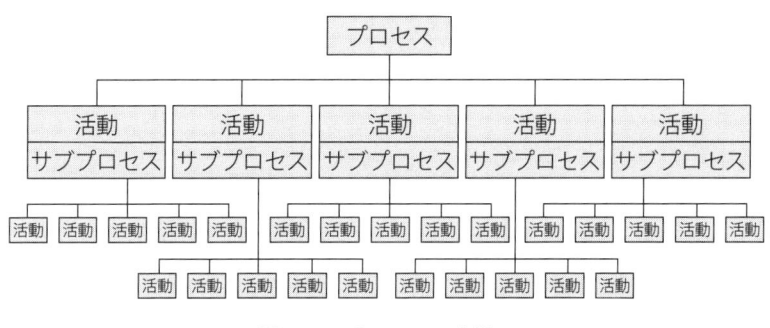

図 2-3　プロセスの分解

2.3　プロセス分析

事業と ISO 45001 が適切に統合されたプロセスを "計画" するためには，当該プロセスを適切に分析する必要がある．そこで，"プロセス分析" を，業

務を規定する及び改善するために活用するとよい．プロセス分析の狙いは"プ
ロセスの維持向上・改善・革新につなげる目的で，プロセスにおける特性と要
因の関係を解き明かすこと"とされている（JSQC 規格の品質管理用語定義）．
ここでいう特性と要因は，"特性要因図"で用いられる用語と同じ意味であり，
次のように理解するとよい．

① **特性**：プロセスの目的・目標に向かって活動した結果の成果物について
の性質．

② **要因**：プロセスの特性を効果的，効率的に得るための一連の活動につい
て管理すべき要素．

　プロセス分析は，1970〜80 年代に日本の製造業が高度成長を実現していた
ころに，工程分析，工程設計，工程改善など，ものづくりに特有な概念として
広く普及し，多くの産業界で実践され，その成果も論文誌などに掲載された．
その対象は，主に工場など現場活動に対してであり，事務などの管理部門は含
まれていなかった．今日では，プロセス分析は工場，管理部門を問わず組織の
すべての活動を対象としている．

　以下では，プロセス分析の方法を用いて，前述した"主要分野"，"支援分
野"，"経営分野"という三つの分野ごとにプロセスの捉え方を考えていきたい．

2.3.1　プロセスの期待される結果の特性分析

(1)　主要分野のプロセス

　主要分野のプロセスとは，製品やサービスなどの価値を顧客に提供すること
に関わるプロセスのことである．この主要分野のプロセスには，外部顧客と接
触するプロセスと内部顧客に向けてのプロセスとの 2 種類がある．外部顧客
と接触するプロセス（例えば，注文，納入，サービス提供など）の活動におい
て期待される結果の特性は，組織全体の目標及び顧客要求事項から決定される．
もう一つの内部顧客と接触するプロセス（例えば，設計，製造，検査）の期待
される結果の特性は，内部顧客のニーズによって決められる．

　結果の特性を分析するに当たっては，結果の評価がどのように行われるのか

見ることがよい．外部顧客と接触するプロセス，すなわち製品及びサービスを提供するプロセスは，その製品及びサービスが顧客のニーズを満たす程度によって評価される．内部顧客に製品及びサービスを提供するプロセスは，内部顧客の要求を満たすことと，外部顧客に最終的に付加する価値の両方から評価される．どちらの場合も，最終顧客にどのような価値を提供できたのかが，そのプロセスの価値を決める．その際に，関係する部門，主管部門（プロセスオーナー）は当然のこととして評価の対象になる．その意味でプロセスの期待される結果は担当する関係部門の目標（パフォーマンス指標など）と整合したものになっていなければならない．

　例えば，住宅設備会社の据付けプロセスを考えてみる．据付けプロセスを構成する活動の部門の一つに営業部門がある．営業活動は据付けプロセス実現の活動には加わらないが，営業担当が設備据付けの仕様を含む注文を書くことで据付けプロセスの一部を構成する．この組織では据付けプロセスの主管部門は施工部門であるが，営業担当が作成する仕様書は据付けの品質，納期及びコストに重要な影響を与えるという意味で重要な活動である．据付けプロセスは組織を横断する一連の活動であると位置付けると，営業部門が行う活動にも期待される結果の特性が浮かび上がってくる．

(2)　支援分野のプロセス

　支援分野は組織のインフラに該当する業務を行っている．組織によっては間接部門や管理部門とも呼ばれている．支援分野のプロセスの期待される結果の特性は，比較的単純で明確である．それは主要分野と経営分野の活動が効果的で効率的に実施されるようになるかで決められる．

　支援分野の結果の特性は，次のような要素の最新情報を常に把握するよう努め，新しい方法，手段などの採用を積極的に検討して決めるとよい．

・法的要求事項，規制に関すること

・内部統制に関すること

・情報技術（IT）に関すること

・教育・訓練に関すること

・不動産に関すること

・金融，投資に関すること

・労働市場に関すること

・福利厚生に関すること

・移動手段に関すること

・海外を含む宿泊に関すること，など

プロセスは業務を推進するための経路，手段を決めることになるので，結果の特性は常に意識して明確にしておく．主要分野，経営分野が何を望んでいるのかを常に考えること，例えば，主要分野が望んでいる効果的な教育・訓練などについては，部門がどんな結果を望んでいるのかを最初に把握し，その後実施手段を決めるとよい．

(3)　経営分野のプロセス

経営分野のプロセスは，組織構造の決定，事業戦略の策定，人材開発，新商品開発などを扱い経営戦略を構成する．経営分野のプロセスの期待する結果の特性例には，次のような事業戦略の特性がある．

①　市場における競争優位性

②　新製品及び新サービスの数

③　投資採算性

市場で順調に事業展開をしてきた組織は，特に事業戦略を意識してこなかったかもしれない．また，中小企業には事業戦略という言葉は敷居が高く聞こえ，大企業のやることであると思われてきたかもしれない．しかし，言葉は別として，現在の状況がいつまでも続くことはないと誰もが感じているはずである．トップマネジメントは事業戦略を考え，その戦略から導かれる全社的なプロセスの特性を明確にするべきである．例えば，次のようなことに関しての特性の設定がありえる．

①　新製品をタイミングよく開発する．

②　顧客価値の差別化を追い求める．

③　新しい事業領域を探し求める．

事業戦略に関する特性は，既存の製品及びサービスが賞味期限を終えない内（収支が低迷する前）に，次の存続のための戦略目標を達成する戦略的な特性であることが期待される．

2.3.2　プロセスにおける要素の分析

（1）　主要分野のプロセス

プロセスの期待される結果の特性が明確になると，次に効果的に特性を得るためのプロセスの要素を決めることが大切になる．主要分野のプロセスは組織の中核に位置する活動なので，どんな組織にも確実に存在しているものである．主要分野のプロセスの分析は現在行われている活動の実態を調査することが有効である．この実態の調査は，プロセスが標準と異なっていないかを分析するために行う．プロセスが最新化されているかを確認する唯一の方法は，実務の観察である．実務を観察することで標準どおりの結果をもたらしているか分析できる．過去に誰かがやろうとして決めたことが，2，3年もすると期待される結果につながらなくなっていることがよくある．

例えば，2年前にある課長がA子さんにある資料を毎週作成するように指示した．課長はその資料を受理した後，B君に何かのデータ分析させているようであった．以来A子さんは真面目に毎週指示された資料を作成し課長に提出をしている．6ヶ月前に課長が変わったが，何の指示もないので相変わらず同じ資料を作成している．しかし，A子さんは少しおかしいなと思っている．というのは，B君は最近新しい課長からデータ分析の指示を受けていないからである．このようなケースは多くの組織に起っていることである．これは，かつてのプロセスの要素が，いつのまにか必要でなくなったケースである．

（2）　支援分野のプロセス

プロセスは，特性を得るための合理的な要素で構成されるべきで，それは論理的に決められるべきである．論理的に決めるには，プロセス最後の活動のアウトプットである特性から論理をスタートさせる．その論理とは，特性を得るために実施すべき要素は何かを考えることである．

箇条5.4の"働く人の協議及び参加"について考えてみよう．まずは特性を決めなければならないが，特性は組織の全体目標と部門要求事項から決まってくる．例えば，"協議率及び参加率"となったとする．では論理的にこの働く人の代表が必ず協議及び参加するためにはどのような要素が必要かを考える．それは，働く人の代表は決まっているか，協議及び参加の機会は1年に何回あるのかなどを考えることである．次には，働く人の代表はどのようにして協議及び参加の時間を確保するのか，組織はその時間を作業時間の中から確保するできるのか及びその方法は何か，協議及び参加の呼びかけの方法などを検討する．

(3) 経営分野のプロセス

この分野のプロセスには，重要なものとして"組織構造を決める"というプロセスがあるが，"組織構造を決める"というプロセスの特性は一般に決めることは困難である．そのため，このように規模の大きなプロセスは通常，サブプロセスに分解することがよい（2.2節参照）．例えば，"部門の境界分析"，"業務分掌決定"，"指示報告ルートの明確化"，"業務アウトプットの管理"などのサブプロセスに分解する．大きなプロセスから小さなプロセスに分解して，プロセスの特性，要素の分析をすることがよい．経営分野のプロセスの特性，要素の分析におけるポイントは次の二つである．

　・特性を得るのに必要な機能は何か．

　・インプット－アウトプットの関係は明確か．

特性を得る機能が不十分，あるいはないことがはっきりすれば，トップは特性を得るための組織構造を考えなければならず，組織の改組も視野に入れるべきである．その上で，特性を得るためのインプットとアウトプットの論理的なつながりから要素を決定する．

(4) プロセス分析の演繹法と帰納法

経営環境は目まぐるしく動くので，組織は常に組織の実態を分析し，事業推進が効果的に行われるように最新の状態にプロセスを維持する必要がある．プロセス分析は一回で終わることはなく，インプット，アウトプット，判断基準，

監視・測定，パフォーマンス指標などの諸要素は常に経営環境の変化に合わせて更新しなければならない．

　プロセス分析には大きく分けて二つの方法がある．それは，"演繹法"と"帰納法"である．ここまでは，演繹法すなわち"こうあるべきである"という論理から"①３分野のプロセスの特性の分析"及び"②３分野のプロセスの要素の分析"を説明した．しかし，ある程度社歴のある組織では，帰納法による分析も推奨できる．現在のプロセスは，組織の長い経験の中から決められており，それなりの試行錯誤の末に落ち着いたプロセスであるからである．現在のプロセスをスケッチし組織が重要であると考えるプロセスを評価し，プロセスの計画へとつなげる．まずどのような"活動"が組織に存在するかを主要分野，支援分野，経営分野の三つに分けて調べる．活動の数は，基本的には組織規模に比例するが，大きな組織になるとその調査は容易ではない．現在の業務の実態を調整することは簡単だと思うかもしれないが実施してみると大変である．まずは，課，係単位の責任者が所属員全員の現状を確認しながら"活動一覧表"を作成する．活動一つでもプロセスとなり得るし，数多くの活動の集まりも一つのプロセスである．このプロセスの大きさは，組織の活動の性質，形態，専門性，訓練などによって異なる．

　このような帰納法は演繹法の欠点である"べき論"を排除することもできる．しかし，今やっている方法が最適な方法とはいえず，改善すべき点が埋没している可能性がある．特に，外部経営環境の変化が著しいときは，分析的なアプローチ（演繹法）により組織全体のプロセスと活動の構造化を再チェックすることがよい．結局，実際のプロセス分析は，演繹法を意識しながら帰納法を採用することが一般的であり，帰納法の結果を演繹法で検証することが勧められる方法である．

2.4　プロセスの計画

組織は，プロセスの分析に基づき，目標としたプロセスの特性を得られるように，自分でプロセスを計画することがよい．組織がプロセスの計画を曖昧にすると，当然のこととしてマネジメントシステムは脆弱で壊れやすいものになってしまう．

プロセスの計画の基本は，プロセスの活動ごとにそのとおり実施すれば期待する特性が得られ，かつ成果（パフォーマンス）につながるような要素を明確にすることである．

プロセスの計画で決めるべき要素には次のようなものがある．

(1)　プロセスの目的・目標（特性）

(2)　主管部門

(3)　プロセスのリスク

(4)　プロセスのパフォーマンス指標

(5)　インプット

(6)　アウトプット

(7)　プロセスに必要な資源

(8)　プロセスの責任，権限

(9)　プロセスの判断基準

(10)　プロセスの監視及び測定

(11)　関連する標準類

プロセスの計画においては，プロセスは一連の活動に分解されて行われるので，上記の要素のいくつかは分解された活動ごとに決めるのがよい．(1)～(11)までのどの要素を活動ごとに決めるのかは，(1) プロセスの目的・目標によって異なるが，多くの場合，(6) 以降は活動ごとに決めることがよいであろう．プロセスと活動の要素については，表 2-1 "プロセスフローチャート"にそのモデルを示す．

主要分野のプロセスは "バリューチェーン"，すなわち価値の連鎖と見るこ

表 2-1　プロセスフローチャート

プロセス名							
(1) プロセスの目的・目標			(3) プロセスのリスク				
(2) プロセスオーナー			(4) パフォーマンス指標				
活動	(5) インプット	(6) アウトプット	(7) 資源	(8) 責任, 権限	(9) 判断基準	(10) 監視測定	(11) 標準類

とができ，製品及びサービスを生み出し，それを顧客に引き渡すまでの活動は，前の活動に対し価値を創造している．例えば，設計プロセスの活動の一つに"設計図を検証すること"があるとすると，この活動は設計行為に対して信頼性という価値を付加する．このときプロセスは，資源を消費するので，プロセスが生み出す価値だけではなく，その価値を創造するに必要となる資源も考慮して設計しなければならない．

　プロセスの計画で重要なことは，3分野のプロセス全部についてパフォーマンスを意識することである．プロセスはパフォーマンス向上につながらなければならないが，そのためには，適切な日常管理が必要である．プロセスがその

目標を達成できなかった場合は，該当するプロセスが計画されたとおりに実施
されなかったのか，プロセスの計画に問題があり，例えば内容が古くなり実態
との間にギャップを生じているのかを明確にしなければならない．そして，そ
の場合は個々のプロセスそれぞれを単独で管理するのではなく，その前後にあ
るプロセスへの影響も考慮に入れながら管理する必要がある．

　ISO 9001:2015 では，プロセスアプローチにおけるプロセス管理の理解を
促進するため，単一プロセスに焦点を当て，プロセスがどのような要素で構成
されているかを示した図が示されている．この図 2-4 "ISO 9001:2015 の単一
プロセスの要素"では，インプットの源泉として，"前工程のプロセス"を示
し，アウトプットの受領者には"後工程のプロセス"が示されている．

　この単一プロセスは，連鎖となって組織の製品・サービスをプロセスとして
保証するように計画されることが重要である．プロセス保証は，"プロセスの
アウトプットが要求された基準を満たすことを確実にする一連の活動"と定義
されている（JSQC 定義）.

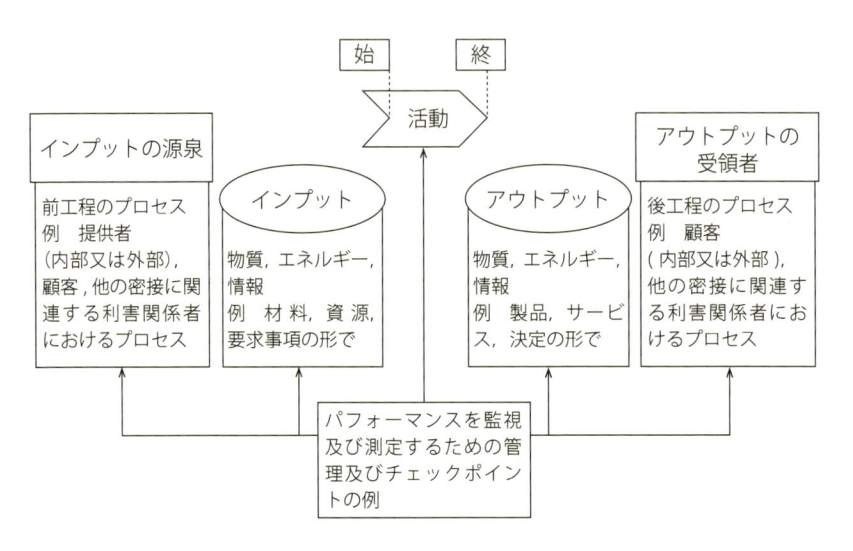

図 2-4　ISO 9001:2015 の単一プロセスの要素

出所　JIS Q 9001:2015

2.5　プロセスの管理

　プロセスの管理は，"狙いとする成果を生み出すためのプロセスを明確にし，個々のプロセスを計画どおり実施する，その上で，成果とプロセスの関係，プロセス間の相互作用を把握し，一連のプロセスをシステムとして有効に機能するように維持向上・改善，改革すること"と定義されている（JSQC 定義）．

　プロセス管理の基本的な考え方は，それぞれのプロセスにおいてプロセスの結果が適切であることの保証を行うことである．このプロセス保証を行うには，狙いどおりの結果が得られるように PDCA を回していくことがプロセス管理の基本となる．

　図 2-5 "プロセス管理によるフィードバック"に見るとおり，組織は常に顧客から技術革新や新しい要求を求められ続ける．そのため，プロセスの計画に基づく業務（①）が常によい結果（②）になるとは限らない状況にある．日常的にプロセス管理を行えば，結果に問題があればそのことを把握でき（③），プロセスの計画を最適化しようとするフィードバック，すなわち最新化（④）が行われるようになる．

　プロセスの管理は，品質問題の解決に不可欠な要素であるが，品質不良の是正処置をプロセスの管理と結び付けていないケースが組織には多く見られる．

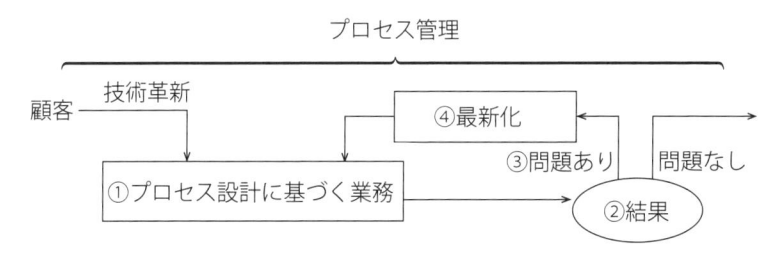

図 2-5　プロセス管理によるフィードバック

　例えば，組織でよく行われる品質問題への対応活動として，次のようなものがあるが，いずれも隔靴掻痒の感があり，プロセスへの直接的な対応が望まれ

ることである.

　・管理者に"リーダーシップ"教育を行う.

　・品質月間, 顧客満足向上キャンペーンなどを展開する.

　・従業員に QC 教育をする.

　・経費削減運動を実施する.

　これらの活動は何かを変えることになるかもしれないが, プロセスが改善されない限り小手先, 対症療法の域を脱しない. 組織は過去の経験に頼らず, 常に現在に対応した仕事のやり方を模索する必要がある. 持続可能な成功を求めるならば, 組織は全てのプロセスに焦点を当て, 日常的に業務推進のやり方を改善しなければならない.

　プロセスは, 製品及びサービスを生み出すために計画された一連の活動であるが, 多くのプロセスの活動は部門横断的なものであり, 顧客に納入する製品及びサービスに直結しているのが, "(1) 主要分野のプロセス"である. これに対して, 顧客の目には触れないが効果的なマネジメントに不可欠な要素を産み出しているが, "(2) 支援分野のプロセス"である. 経営に関わる活動を行っているのが, "(3) 経営分野のプロセスである". これらが全て管理され, 改善に向けて分析評価されることが重要である.

(1)　主要分野のプロセスの管理

　主要分野のプロセスが論理的な構造として計画されていても, 適切に管理されないならば, 効果は期待できない. 支援分野, 経営分野のプロセスでも同様なことがいえる.

　①**目標管理**：プロセスの目標を管理すると同時に, プロセスを構成する活動
　　　　　　　　の要素も管理する. この目標は部門目標につながる.

　②**パフォーマンス指標**：プロセスのアウトプットに関して, 顧客からの
　　　　　　　　　　　　フィードバックを定期的に入手する. プロセスに定められた
　　　　　　　　　　　　パフォーマンス指標（期待される結果の特性）を追跡する.
　　　　　　　　　　　　パフォーマンス指標が達成できそうもないときにはプロセス

の弱点を特定し変更する.

③**資源管理**：主要分野のプロセスの目標を達成し，期待される貢献をする
　　　　　　ために必要な設備，スタッフ及び予算をプロセスごと支援，
　　　　　　管理する.

目標とパフォーマンス（期待される結果）の差異が大きい場合には，まず目標を達成するための資源が与えられていたかどうか（資源管理）を確認しなければならない.目標を達成するための資源が不十分であったなら，これに手を打つことが経営として必要になる.差異の要因が資源にはなく，他にある場合はプロセス分析が必要である.プロセスの計画に"無理があった"ことを前提にしてプロセスの見直しを行うが，プロセスの計画どおりに実行されなかったこととの峻別をする.

　a)　決めたとおりに行われなかった.

　b)　プロセスの計画に問題があった.

当然のことながら，a)の場合は日常管理の徹底，b)の場合はプロセス分析を行う.支援分野のプロセス，経営分野のプロセスも同様である.

(2)　支援プロセスの管理

支援分野のプロセスの管理は，主要分野，経営分野からの評価をパフォーマンス指標により行う.この支援分野のプロセスの管理は，支援分野の単独管理では不十分で，支援分野のプロセスは一つ又は複数の部門要求に整合していなければならない.支援分野のプロセスが主要分野にサービス提供する場合，主要分野の関係部門はそのサービスが自部門ニーズを満たしているかどうかフィードバックしなければならない.

支援分野のプロセスは，主要分野又は経営分野からのフィードバックを一つの指標としてプロセス管理を実施する.

(3)　経営分野のプロセス管理

トップは，効果的かつ効率的に経営していくために，目標設定及びプロセスの計画のとおりにプロセスを運営管理しなければならない.トップによる経営分野での管理には次のものがある.

①**目標管理**：経営分野のプロセスの目標を部門目標に展開する．組織全体の目標達成に貢献する部門目標の設定に失敗するとサイロ化（部分最適）に陥るので注意が必要である．

②**パフォーマンス管理**：目標の達成はパフォーマンス向上に結び付くことが必要である．定常的に顧客からのフィードバックを入手し，目標に決められている指標に沿って実際のパフォーマンスを追跡するなどの監視・測定をする．

③**資源管理**：システムを横断して，要員，設備及び予算の配分バランスをとることが重要である．適切に資源配分することで，各部門はその目標実現に近づくことができ，その結果，組織全体のパフォーマンスも向上していくことが期待できる．

④**インタフェース管理**：部門間にできる空白の部分は誰もやらないプロセスの抜けになり，ミスコミュニケーション及び不適合の原因となるものである．部門間の業務領域を効果的で効率的なものに管理する．

この経営分野のプロセス管理においてはいくつかの問題に直面する．

・部門目標の対立
　―例えば，営業では市場動向を重要視するのに対して，開発部門では自社技術に固執する．
・事業戦略目標と短期収益の二律背反
・資源配分の対立
・部門の部分最適の抵抗（サイロ化）

経営分野のプロセス管理を成功させる秘訣は，全体最適を部分最適に優先させることの徹底にある．

第3章

事業プロセス

　第 3 章では，事業プロセスについて，日米の事業プロセスのモデルを基にどのようなプロセスがあるかを整理する．また，それに当たり，経営活動における事業プロセスの意味について検討を行う．

　なお，ISO マネジメントシステム規格では事業プロセスについて定義をしていないが，本書では，事業プロセスを "顧客のために製品又はサービスを創り出す，組織が全員で日常的に行っている活動の集まり" と定義して考えていく．事業プロセスは，本書第 2 章で説明している主要分野のプロセス，支援分野のプロセス及び経営分野のプロセスを含んでいる．全ての組織活動は顧客に製品又はサービスを提供する活動につながっているべきである．

3.1　経営活動

　ISO 規格には "経営マネジメントシステム規格" なるものは発行されていない．経営の目的は経済合理性の追求であり，経済合理性の行きつく先は経済的利益の確保，最大化である．利益追求のビジネスモデルは各社各様であり，そもそも標準化の概念にそぐわない．標準を作ろうと考えても，具体性に欠ける理念先行の一般的な経営指南書になってしまうであろう．

　とはいえ，経営活動のためのシステムの標準化は考えられなくはないだろう．経営は，一年間の事業計画に沿って役割ごとに日常活動を推し進め，その結果の利益を従業員，その他の利害関係者（関係会社，株主など）に配分する活動である．経営者の仕事は，今期事業の計画立案，事業運営，4 半期決算チェック，年度決算まとめ及び事業結果報告などになる．経営活動は，経営要素を PDCA サイクルに沿って適切に運用するシステムだといえる．

　企業はこのような管理活動を重要視して適切に実施しなければならない．ただし，企業の主たる戦場は，管理活動にあるのではなく，競合他社を凌駕する商品サービスの開発活動（及びそれに関係するあらゆる固有技術の活動）の中にある．自由経済社会においては，経営は出資者が自己責任のもとに行うものであり，経営が成功するか成功しないかは委託を受けた経営者の力量によると

ころが大きい．また，経営者の力量以外にも，経営理念，方針，商品開発力，その他の企業の総合力によっても競争に勝つか負けるかが決まる．経営のやり方は極めて組織に固有なものであり，第三者が口出しできない点にその本質がある．核になる固有技術や商品開発活動についての標準化は極めて困難であるが，組織活動を管理技術については，ISO マネジメントシステムをはじめとし，経営プロセスのモデル（3.2 節で詳述する）などが発表されている．統合すべき自社の事業プロセスを特定するのに，この経営プロセスのモデルを参考にしたい．

外部顧客のためのプロセスと内部顧客のためのプロセス

組織はその構造を組織図で表すことが一般的であるが，普通組織図には事業プロセスは描かれていない．組織の多くの機能，例えば市場調査，企画，製品及びサービス設計，製造，引渡しなどは全て事業プロセスを意識して実行されていかなければならない．中小企業では従業員が顧客へのプロセスの存在を意識しやすいが，大企業になるとプロセスの規模も巨大になる一方で役割は細分化されることから，顧客へのプロセスと自業務がどのように関係しているかを意識することが困難になる場合が多い．組織図はあくまでも事業推進をする手段，すなわち人的資源構造を表したものであり，顧客との関係の表現はなくて当然であるが，内部管理のために規定された組織図だけで業務を推進すると，つい顧客の求めていることが忘れ去られてしまう．

主要分野のプロセスは，図 3-1 "事業プロセスの横の動き" に示すように顧客からの注文に対して，関係する部門で付加価値を加えながら最後のアウトプットである製品やサービスを顧客に提供するという，部門を横断する横の動きである．

また，支援分野，経営分野のプロセスでは，主要プロセスの部門など社内顧客へのサービス及び支援のための活動，が第一目的になる．そのため，これらの活動は，組織内の上司－部下のルート，すなわち縦の指示命令によってプロセスの目的・目標を達成することが多くなる．

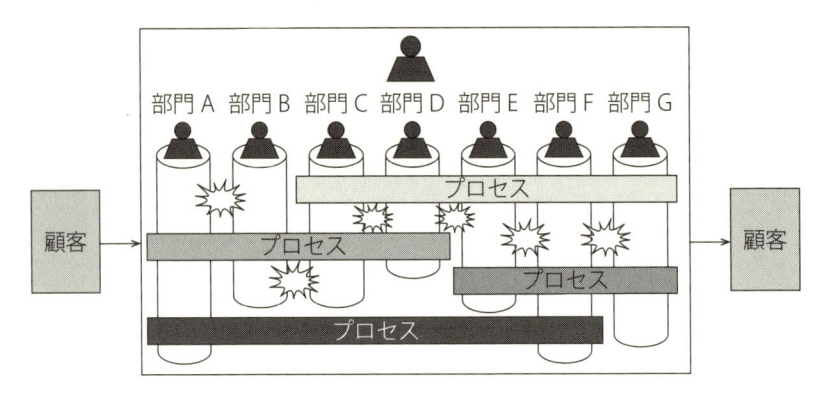

図 3-1　事業プロセスの横の動き

　このように，組織には外部顧客を意識した横の動きと，社内顧客を意識した縦の動きが布を織りなすように交錯している．

　欧米の組織では縦の動きによる指示命令，報告が重視されており，必ずしも顧客を意識した横の動きはあまり得意ではない．実際，ISO では図 3-2 "部門の垣根を超える" のような部門の壁を越えてプロセスを運営管理することの重要性の啓蒙を目的とした文書において，部門間の協力，コミュニケーションの

図 3-2　部門の垣根を超える

出典：ISO 9000 Introduction and Support Package: Guidance on the Concept and Use of the Process Approach for management systems

（https://www.iso.org/04_concept_and_use_of_the_process_approach_for_ management systems.pdf）

絵を掲載している. プロセスを基軸に異なる部門間の壁を乗り越え, 組織全体の主要な目標に焦点を当て, プロセス間のインターフェース (接点) を管理することの重用性を訴えている.

3.2 事業プロセスのモデル

(1) APQC のモデル

企業の品質経営を表彰する日本のデミング賞を参考に, 米国では 1987 年からマルコムボルドリッジ国家品質賞を授与する取組みが行われている. この事務局を担っている, 米国生産性品質センター (APQC) では, 組織の経営状況を分析するためのツールとして, 表 3-1 "組織経営フレーム" を公表している.

この "組織経営フレーム" は, 組織の経営要素 (カテゴリー) を 4 階層に展開したもので, 第 1 階層 "経営のビジョンと戦略" ～ "社会的責任" まで 12 カテゴリーを順次 "活動" にまで展開している. 12 カテゴリーはそれぞれ次の階層に分解され, 最後の第 4 階層では約 900 の活動が規定されている. 第 1 層 "カテゴリー" →第 2 層 "プロセスグループ" →第 3 層 "プロセス" →第 4 層 "活動" にと分解する方法についての論理は公表されていない. ここでいう "論理" とは展開するための基準, 方法などのことを意味している.

ちなみに第 1 層 "カテゴリー" には 12 のカテゴリーが規定されている.

・ビジョンと戦略の展開
・製品とサービスの設計と展開
・製品及びサービスのマーケティングと販売
・製品及びサービスの引渡し
・顧客管理マネジメント
・人材開発及び管理
・情報技術 (IT) 管理
・財務管理
・買収, 建設及び財産管理

・環境安全衛生管理

・外部関係管理

・知識，改善及び変化の管理

表3-1にAPQCから公表されている最初の1ページを参考に示す．

表3-1　APQC組織経営フレーム

APQC's プロセス分類			
レベル0＝カテゴリー	レベル1＝プロセスグループ	レベル2＝プロセス	レベル3＝活動
1.0 ビジョンと戦略の展開			
	1.1 事業コンセプトと長期ビジョンの明確化		
		1.1.1 外部経営環境の評価	
			1.1.1.1 競合の分析と評価
			1.1.1.2 経済動向の明確化
			1.1.1.3 経済的，規制的なものの明確化
			1.1.1.4 新技術の評価
			1.1.1.5 人口統計の分析
			1.1.1.6 社会的，文化的変化の明確化
			1.1.1.7 環境保護の明確化
		1.1.2 市場調査，顧客ニーズと期待の決定	

			1.1.2.1 定性的, 定量的評価の実施
			1.1.2.2 顧客ニーズの把握と評価
		1.1.3 適切な市場の選択	
		1.1.4 内部分析の実施	
			1.1.4.1 組織の特性の分析
			1.1.4.2 現状プロセスの基礎を構築
			1.1.4.3 システムと技術を分析
			1.1.4.4 財務の状況分析
			1.1.4.5 組織コアコンピテンスの明確化
		1.1.5 戦略的ビジョンの確立	
			1.1.5.1 戦略的ビジョンについての株主調整
			1.1.5.2 戦略的ビジョンの株主との情報交換
	1.2 ビジネス戦略の展開		
		1.2.1 全般的ミッションステイトメントの展開	
		1.2.2 戦略的オプションの評価	
		1.2.3 長期ビジネス戦略の選択	

		1.2.4 機能とプロセスの調整	
		1.2.5 組織構造と組織部署間の関係の設計	
		1.2.6 組織のゴールの設定と展開	
		1.2.7 部門戦略の作成	
	1.3 戦略的発想の管理		
		1.3.1 戦略的発想の展開	
		1.3.2 戦略的発想の評価	
		1.3.3 戦略的発想の選択	
		1.3.4 高レベル対応の確立	
2.0 製品とサービスの設計と展開			
	2.1 製品，サービスの設計		
		2.1.1 新製品とサービスの戦略及びコンセプトの展開	
			2.1.1.1 顧客と市場のニーズを調査
			2.1.1.2 ポートフォリオの管理
			2.1.1.3 コスト，品質目標の計画と展開
			2.1.1.4 製品ライフサイクルと開発納期目標の展開
			2.1.1.5 主要技術部品と開発要求の調査

			2.1.1.6 製品への主要技術／サービスコンセプトと部品の統合
		2.1.2 新製品とサービスの実現，及び既存製品とサービスの洗練と評価	

(2) JSQC のモデル

JSQC（The Japanese Society for Quality Control：日本品質管理学会）の QMS 部会 WG1 では，2011 年の研究発表で事業プロセスを主要分野，支援分野，経営分野の 3 分野に分け，それぞれの分野におけるプロセスを合計 16 挙げている．

それぞれのプロセスの下には 55 の活動がある（表 3-2 参照）．

表 3-2　QMS 部会 WG1 提案の 3 分野のプロセス

分野	プロセス	活動
1. 主要	1.1 商品企画	1.1.1 市場調査
		1.1.2 顧客・ニーズの特定
	1.2 受注	1.2.1 営業活動
		1.2.2 見積り
		1.2.3 受注
		1.2.4 契約
	1.3 製品設計	1.3.1 設計計画
		1.3.2 設計活動
		1.3.3 設計引き渡し
	1.4 工程設計 / 製造・サービス提供準備	1.4.1 工程設計
		1.4.2 製造拠点
		1.4.3 製造準備
	1.5 購買	1.5.1 購買先評価
		1.5.2 購買計画
		1.5.3 受入検査
	1.6 製造 / サービス提供	1.6.1 計画
		1.6.2 実施
		1.6.3 確認

		1.6.4 不適合品の管理
	1.7 品質保証	1.7.1 QMS の計画
		1.7.2 QMS の運用，管理
		1.7.3 QMS データ管理
	1.8 保管 / 保存 / 物流	1.8.1 保管 / 保存
		1.8.2 納期管理
		1.8.3 物流（商品 / 入出荷）
	1.9 アフターサービス，他	1.9.1 苦情処理
		1.9.2 据付・保守・修理
		1.9.3 廃棄
		1.9.4 是正処置・予防処置
		1.9.5 改善提案・小集団活動
2. 支援	2.1 情報 / インフラ	2.1.1 基幹システム / ネットワーク
		2.1.2 受配電，建設・設備
		2.1.3 ロジスティックス
	2.2 人材開発 / 総務 / 労務 / 環境	2.2.1 人事（採用 / 配置 / 異動）
		2.2.2 教育・訓練
		2.2.3 安全衛生・5S
		2.2.4 福利厚生・労務管理
		2.2.5 環境
		2.2.6 文書管理
	2.3 財務 / 経理	2.3.1 売上 / 請求，与信管理
		2.3.2 支払い
		2.3.3 在庫
		2.3.4 資金
		2.3.5 財務諸表

3. 経営	3.1 経営理念	3.1.1 方針
		3.1.2 目的 / 目標
		3.1.3 社会的責任
	3.2 経営戦略	3.2.1 経営環境分析（内部 / 外部）
		3.2.2 中長期経営計画
		3.2.3 個別事業計画（組織 / 人 / 資金 / 拠点）
		3.2.4 研究開発（R&D）
	3.3 顧客満足と評価	3.3.1 外部（第二 / 三者）監査
		3.3.2 顧客調査
	3.4 分析と継続的改善	3.4.1 内部監査
		3.4.2 マネジメントレビュー

3.3 ISO 45001 と事業プロセス

ここまで,3.1節,3.2節において国際的に共有されている"事業プロセス"について,専門家の見解,日米のモデルなどを紹介してきたが,ISO 45001における"事業プロセス"に関する記述を改めて確認しておきたい.ISO 45001の要求事項及び注記に現れる"事業プロセス"は次のとおりである.

JIS Q 45001:2018

5.1 リーダーシップ及びコミットメント

（中略）

　c)　組織の事業プロセスへの労働安全衛生マネジメントシステム要求事項の統合を確実にする.

　（中略）

　注記　この規格で"事業"という場合,それは組織の存在の目的の中核となる活動という広義の意味で解釈され得る.

この記述の中の注記にある""事業"という場合,それは組織の存在の目的の中核となる活動"とあるところに注目すると,事業プロセスの定義ではないが,ISO が意図している事業プロセスの意味が理解できる.

また,箇条 5.1 以外で"事業プロセス"に触れているところは以下のとおりである.下線は筆者による.

JIS Q 45001:2018

0.3 成功のための要因

（中略）

　労働安全衛生マネジメントシステムの実施及び維持,並びにその有効性及び意図した成果を達成する能力は,多数の重要な要因に依存している.それらの要因には,次の事項が含まれ得る.

　（中略）

---

　i)　組織の事業プロセスへの労働安全衛生マネジメントの統合

6　計画
6.1　リスク及び機会への取組み
6.1.4　取組みの計画策定

　組織は，次の事項を計画しなければならない.

（中略）

　b)　次の事項を行う方法

　　1)　その取組みの労働安全衛生マネジメントシステムのプロセス，又はその他の事業プロセスへの統合及び実施

6.2.2　労働安全衛生目標を達成するための計画策定

　組織は，労働安全衛生目標をどのように達成するかについて計画するとき，次の事項を決定しなければならない.

（中略）

　f)　労働安全衛生目標を達成するための取組み組織の事業プロセスに統合する方法

9　パフォーマンス評価
9.3　マネジメントレビュー

（中略）

　マネジメントレビューは，次の事項を考慮しなければならない.

（中略）

　g)　継続的改善の機会

　マネジメントレビューからのアウトプットには，次の事項に関係する決定を含めなければならない.

（中略）

— 労働安全衛生マネジメントシステムとその他の事業プロセスとの統合を改善する機会

JIS Q 45001:2018

附属書 A

A.4.4　労働安全衛生マネジメントシステム

　組織は，次の事項を実施するに当たっての詳細さのレベル及び程度を含む，この規格の要求事項を満たす方法を決定する権限，説明責任及び自主性を保持している．

（中略）

b)　種々の事業プロセスに，労働安全衛生マネジメントシステム要求事項を統合する（例えば，設計及び開発，調達，人的資源，販売及びマーケティング）．

A.6.1.4　取組みの計画策定

　計画した取組みは，主として労働安全衛生マネジメントシステムを通じて管理することが望ましく，環境，品質，事業継続，リスク，財務，人的資源管理などの他の事業プロセスとの統合を含めることが望ましい．

　また，ISO 45001 では 14 か所で"OHSMS に必要なプロセスの確立"を要求している．

・働く人の協議及び参加のプロセス（ISO 45001 箇条 5.4）

・危険源の特定のプロセス（箇条 6.1.2.1）

・労働安全衛生リスク及びその他のリスクの評価のプロセス（箇条 6.1.2.2）

・労働安全衛生機会及びその他の機会の評価のプロセス（箇条 6.1.2.3）

・法的要求事項及びその他の要求事項の決定のプロセス（箇条 6.1.3）

・内部及び外部のコミュニケーションに必要なプロセス（箇条 7.4.1）

・OHSMS の要求事項を満たすためプロセス（箇条 8.1.1）

・危険源の除去及び労働安全衛生リスクの低減のプロセス（箇条 8.1.2）

- 変更の管理のプロセス（箇条 8.1.3）
- 調達を管理するプロセス（箇条 8.1.4.1）
- 緊急事態への準備及び対応のプロセス（箇条 8.2）
- モニタリング，測定，分析及びパフォーマンス評価のプロセス（箇条 9.1.1）
- 順守評価のプロセス（箇条 9.1.2）
- インシデント，不適合及び是正処置のプロセス（箇条 10.2）

　ISO 45001 に 14 か所規定されている "…のためのプロセスを確立し…" のところを "…プロセスを設計し…" と理解する方は少ない．その原因は "確立し" という日本語にある．確立の英語は "establish" であるが，欧米の立派な建造物の礎には "established　○○年" と刻印されているのを見て明治時代に日本語では "確立する" と訳されたのであろう．

　しかし，英英辞典（オックスフォード辞典）には，"establish" は "set up an organization, system or set up rules on a firm or permanent basis"，すなわち "組織，システム又はルールをきちんと今後も使えるようにセットする" となっている．"establish：確立" という意味は，ルールを設定すること，すなわち計画したり設計することを意味している．

第4章

統合する方法

本章では ISO 45001 を組織の経営マネジメントシステムの事業プロセスに統合する方法について述べる．統合する方法をわかりやすくするために，架空の会社の令和工業を設定し，その会社の組織構造，事業プロセス，活動，標準に ISO 45001 要求事項を統合する事例を示すことで説明していく．

架空会社令和工業の会社概要，マネジメントシステムの適用範囲，組織図は次のとおりである．

(1) 会社概要

項目	内容
会社名	令和工業株式会社
所在地	〒 108-0073 東京都港区田町三田 3-13-12
代表者名	田中一郎
従業員数	700 名
事業内容	電子部品製造販売
主な製品	電子機器応用製品，光源機器製品をメインに市場の要求を把握して，自社で設計開発する既成品ではなく顧客の要求仕様を実現する製品を提供している
主要取引先	A社（電気上場メーカー） B社（空調上場メーカー） C社（精密上場メーカー） D社（音響上場メーカー） その他多数の大手企業が取引先となっている
国際マネジメントシステム規格への社内採用状況	― 品質マネジメントシステム ― 環境マネジメントシステム ― 情報セキュリティマネジメントシステム

(2) 組織図

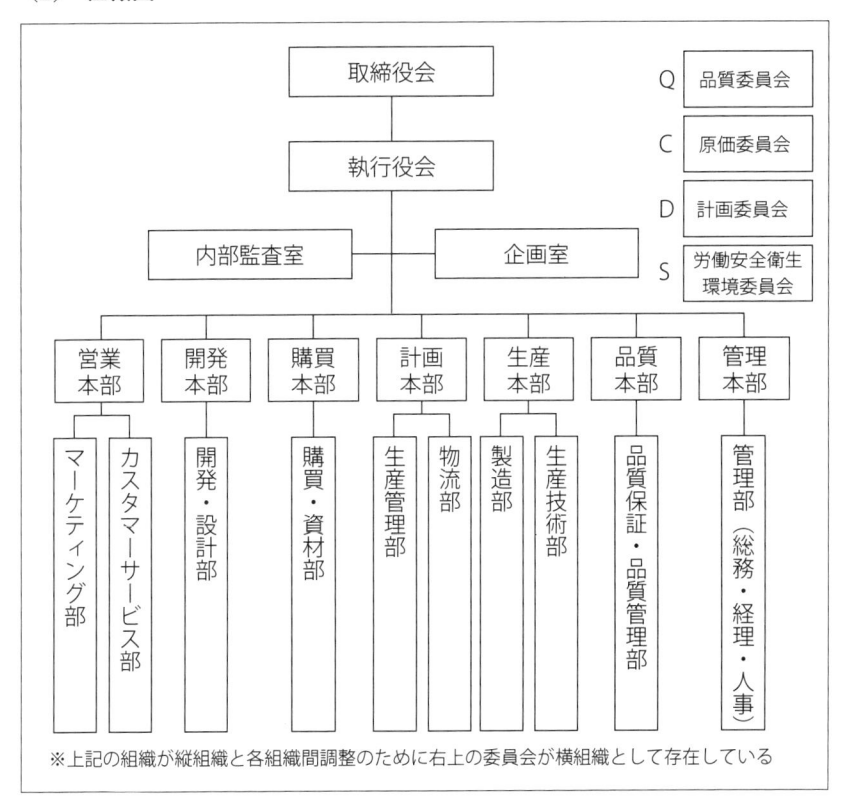

統合の方法については，表4-1のステップで説明していくが，以下でAと称するものは序章で説明している経営マネジメントシステム（経営MS）及びその構成要素（事業プロセスを含む）のことであり，BはISOマネジメントシステム（ISOMS）及びその構成要素のことである．

表 4-1　ISO 45001 とマネジメントシステムと統合のステップ

ステップ	概要
ステップ 1	トップが統合マネジメントシステム構築の方針を出す．
ステップ 2	執行役員会で適用可能性（箇条 4.3）について理解を深める．
ステップ 3	事務局が ISOMS のシステム構成要素（B）と経営 MS のシステム構成要素（A）との関係を明確にする．
ステップ 3-1	ISOMS のシステム構成要素（B）を，経営 MS のシステム構成要素（A）である主要分野，支援分野，経営分野の三つに区分する（0.6 節参照）．
ステップ 3-2	経営 MS のシステム構成要素（A）の主要分野，支援分野，経営分野それぞれのプロセスを明確にする（事業プロセス，0.6 節参照）．
ステップ 4	事務局が事業プロセス（A）への ISO 45001 要求事項（B）を結び付け，執行役員会に報告する．
ステップ 5	事務局が OHS に関係する標準書に ISO 45001 要求事項から必要となる事項を追記するあるいは修正し，執行役員会に報告する．

　組織の統合手順にこれらのステップを活用する際は，事例は架空のものであるので，本書をお読みの方は自組織の実態（組織規模，組織構造，事業プロセスなど）に適宜読み替えていただくとよい．

　ただし，注意が必要なことは，事務局だけで形式を整えると全社で実態が整わなくなるので，都度，決定機関（執行役員会等）に上程し，この時点から全社として取り組むことが重要である．

4.1　ステップ 1：トップの統合マネジメントシステム構築の方針

　統合されたマネジメントシステムを構築することをトップマネジメントが方針として示すことがステップ 1 である．

　トップマネジメントは，方針を示すに当たって，表 4-2 "労働安全衛生統合マネジメントシステム構築方針" のように，なぜ経営マネジメントシステムに ISO マネジメントシステムを統合するのか，その目的は何かについて明確に

し，統合するための活動を始めることを社内に指示しなければならない．組織の目的は，創業当時からの理念，ビジョンの中に明確にしていることが多く，組織の経営基盤として常日頃確認しているではあろうが，改めて組織の目的を明確にし，そこに ISO マネジメントシステムの目的を重ね合わせ，両者の整合を図り，結果，経営基盤強化を行うことである．経営マネジメントシステムの目的は，例えば"顧客への価値の提供"と"収益の確保"，"社会への貢献"，"従業員及び株主への還元"など，組織の理念，ビジョンから導き出されたものが主なものになっている．

その中に，労働安全衛生に関することがあれば経営マネジメントシステムと ISO マネジメントシステムのそれぞれの目的の整合性は比較的簡単に図ることができるが，仮に経営マネジメントシステムにまったく労働安全衛生に関することがなければ，ISO 45001 に書かれている目的，目標を経営マネジメントシステムの目的に追加すればよい．労働安全衛生マネジメントシステムの目的は，ISO 45001 序文によれば"労働安全衛生リスク及び労働安全衛生機会を管理するための枠組みを提供"し，"働く人の労働に関係する負傷及び疾病を防止すること，及び安全で健康的な職場を提供すること"となっている．つまり，経営マネジメントシステムに労働安全衛生の関することが明文化されていないとしても，"働く人の労働に関係する負傷及び疾病を防止すること，及び安全で健康的な職場を提供"に関することはないはずはない．

表 4-2 労働安全衛生統合マネジメントシステム構築方針

労働安全衛生統合マネジメントシステム構築方針		
	当社	ISO 45001
各々の目的	顧客への価値の提供を通じて，収益を確保し，従業員及び株主への還元により社会に貢献する．	労働安全衛生リスク及び労働安全衛生機会を管理するための枠組みを提供する．
整合した目的	常に働く人の安全と健康な職場の確保を実現した上で，顧客への価値の提供を通じて，収益を確保する経営マネジメントシステムを構築する．	

　労働安全衛生統合マネジメントシステム構築方針を出し周知徹底する際に，目的以外のシステム構成要素についても，経営MSのシステム構成要素とISOMSシステムの構成要素の整合を確認しておくことがよい.

　具体的には，ISOMSのシステム構成要素である，労働安全衛生方針，労働安全衛生目標，労働安全衛生組織構造，労働安全衛生役割及び責任，労働安全衛生計画及び運用などと，経営マネジメントシステムの事業方針，事業目標，事業構造，事業の役割及び責任，事業計画及び運用などとの整合性をとらなければならない.

労働安全衛生方針 vs 事業方針

労働安全衛生目標 vs 事業目標

労働安全衛生マネジメントシステム構造 vs 事業構造

労働安全衛生役割及び責任 vs 事業役割及び責任

労働安全衛生計画及び運用 vs 事業計画及び運用

と多くの対応要素が存在する中，2種類のシステム構成要素を一つにしなければならない.

　経営マネジメントシステムにおける事業プロセスでも，すでに専門委員会やプロジェクト，主幹部門がルールや規定をつくって従業員に安全衛生に関する取組みを行っているであろうが，新たにISO 45001を採用することにより，ISOマネジメントシステムで要求される方針，目標，役割，責任，計画，運用が経営マネジメントシステムと矛盾がなく，融合（統合）させることの方針をこのステップで明確にするのである.

　マネジメントシステムについて定義した，ISO 45001箇条3.10の注記1に"一つのマネジメントシステムは，単一又は複数の分野を取り扱うことができる."と書かれているように，経営という一つのマネジメントシステムは，QMS，EMSあるいはOHSMSというような複数の分野固有のマネジメントシステムを取り扱うことができる. 実際，経営には既に品質，環境，情報セキュリティなどのシステム構成要素は何らかの形で含まれているので，ISOマネジメントシステムを導入する際には，積極的に整合性をとることをしない

と，ISO マネジメントシステムは形骸化してしまう．

　箇条 5.1 でいう，"事業プロセスへの労働安全衛生マネジメントシステム要求事項の統合"とは，この複数の ISOMS のシステム構成要素をうまく経営 MS のシステム構成要素に関係付け，融合させることを意味している．

4.2　ステップ 2：適用可能性についての理解

　方針，目的を明確にした次に行うことは，計画の全貌を見える化することである．その前に"適用可能性"について理解を深めておきたい．"適用可能性"という用語は，ISO 45001 箇条 4.3"労働安全衛生マネジメントシステムの適用範囲の決定"の中に次のように出てくる．

> "組織は，労働安全衛生マネジメントシステムの適用範囲を定めるために，その境界及び適用可能性を決定しなければならない．"

"適用可能性"を一番広く解釈するならば，規格要求事項の組織への効用，影響，実効性などを考慮して，組織のどのプロセス，どの部門，どのシステム構成要素に応用し活用するのかを分析すること，と考えることができる．規格要求事項は，様々な状況において様々な解釈が可能である．適用可能性は，組織の実態に合わせて規格要求事項を適用するという労働安全衛生マネジメントシステムの有効活用に必要となる概念である．

　例えば，個人的な状況に置き換えて考えてみる．世の中には物事の How to 本があふれている．記憶する方法，人と仲良くなる方法，上司に評価される方法，整理整頓する方法，試験に合格する方法，雑談からの効果的コミュニケーションの方法，ストレス解消の方法など数え上げたら切りがない．しかし，個人には個人の状況があり必要以上のことを実施しようとしても長続きせず，結局は成果につながらないことが多い．自身の置かれている状況，何を達成したいのか，それに対処する能力，周りの環境，関係者のサポートレベルなど，そもそもこの方法を採用することは（自身の目的，目標と関連して）妥当か，採用するにしても，どの程度自分のものとして応用できるのかなど，決める前に

一歩踏み止まっていろいろ熟慮することが大切である.

　適用可能性については幾つかの切り口からの解釈があるので, それぞれについて要求事項の適用の仕方について述べる.

（1）　条件付き要求事項

　ISO 45001:2018 の要求事項には, "考慮しなければならない", "該当する場合には必ず", "必要に応じて"など組織の状況に応じて適用範囲, 適用方法を考えることを示唆する表現が出てくる. すべてではないが, 例を挙げると次のようなものがある. 下線は筆者による.

（a）　"考慮しなければならない"

―――――――――――――――――――――――― **JIS Q 45001:2018** ―

4.3　労働安全衛生マネジメントシステムの適用範囲の決定

　この適用範囲を決定するとき, 組織は, 次の事項を行わなければならない.

a）　4.1 に規定する外部及び内部の課題を<u>考慮する</u>.

b）　4.2 に規定する要求事項を<u>考慮に入れる</u>.

c）　労働に関連する, 計画又は実行した活動を<u>考慮に入れる</u>.

6.1.1　一般

　組織は, 取り組む必要のある労働安全衛生マネジメントシステム並びにその意図した成果に対するリスク及び機会を決定するときには, 次の事項を<u>考慮に入れなければならない</u>.

―　危険源（6.1.2.1 参照）

―　労働安全衛生リスク及びその他のリスク（6.1.2.2 参照）

―　労働安全衛生機会及びその他の機会（6.1.2.3 参照）

―　法的要求事項及びその他の要求事項（6.1.3 参照）

6.1.2.1　危険源の特定

　プロセスは, 次の事項を<u>考慮に入れなければならない</u>が, 考慮に入れな

ければならないのはこれらの事項だけに限らない.

a) 作業の編成の仕方, 社会的要因 (作業負荷, 作業時間, 虐待, ハラスメント及びいじめを含む.), リーダーシップ及び組織の文化

b) 次から生じる危険源を含めた, 定常的及び非定常的な活動及び状況

　1) 職場のインフラストラクチャ, 設備, 材料, 物質及び物理的条件

　2) 製品及びサービスの設計, 研究, 開発, 試験, 生産, 組立, 建設, サービス提供, 保守及び廃棄

　3) 人的要因

　4) 作業の実施方法

c) 緊急事態を含めた, 組織の内部及び外部で過去に起きた関連のあるインシデント及びその原因

d) 起こり得る緊急事態

e) 次の事項を含めた人々

　1) 働く人, 請負者, 来訪者, その他の人々を含めた, 職場に出入りする人々及びそれらの人々の活動

　2) 組織の活動によって影響を受け得る職場の周辺の人々

　3) 組織が直接管理していない場所にいる働く人

f) 次の事項を含めたその他の課題

　1) 関係する働く人のニーズ及び能力に合わせることへの配慮を含めた, 作業領域, プロセス, 据付, 機械・機器, 作業手順及び作業組織の設計

　2) 組織の管理下での労働に関連する活動に起因して生じる, 職場周辺の状況

　3) 職場の人々に負傷及び疾病を生じさせ得る, 職場周辺で発生する, 組織の管理下にない状況

g) 組織, 運営, プロセス, 活動及び労働安全衛生マネジメントシステムの実際の変更又は変更案 (8.1.3 参照)

h) 危険源に関する知識及び情報の変更

これらの"考慮しなければならない"は，組織が考慮した結果適用するかしないか決めるという意味で"適用可能性"の対象となる．

（b）"該当する場合には必ず"

―――――――――――――――――――――――――― **JIS Q 45001:2018** ―

7.2　力量

　c)　該当する場合には，必ず，必要な力量を身に付け，維持するための
　　　処置をとり，とった処置の有効性 を評価する．

7.5.3　文書化した情報の管理

　文書化した情報の管理に当たって，組織は，該当する場合には，必ず，次の活動に取り組まなければな らない．

　―配付，アクセス，検索及び利用

　―読みやすさが保たれることを含む，保管及び保存

　―変更の管理（例えば，版の管理）

　―保持及び廃棄

10.2　インシデント，不適合及び是正処置

　a)　そのインシデント又は不適合に遅滞なく対処し，該当する場合には，
　　　必ず，次の事項を行う．

　　　1)　そのインシデント又は不適合を管理し，修正するための処置をとる．

　　　2)　そのインシデント又は不適合によって起こった結果に対処する．

（c）"必要に応じて"

―――――――――――――――――――――――――― **JIS Q 45001:2018** ―

5.2　労働安全衛生方針

　―必要に応じて，利害関係者が入手可能である．

6.2.1　労働安全衛生目標

　f)　必要に応じて，更新する．

7.5.3　文書化した情報の管理

> 労働安全衛生マネジメントシステムの計画及び運用のために組織が必要と決定した外部からの文書化した情報は，<u>必要に応じて</u>識別し，管理しなければならない．

　これらの① "考慮しなければならない"，② "該当する場合には必ず"，③ "必要に応じて" は，組織に対して条件を付与しているので，組織は適用する前に一歩踏み止まって，その条件が適用されるのか否かを考えてから規格要求事項を採用する．

(2)　経営マネジメントシステムに適用可能

ISO 45001 の箇条のうち，規格要求事項が経営マネジメントシステム構成要素のどこと結び付くのかがはっきり判断できる場合である．例えば，箇条 4.1，4.2，4.3，4.4，や箇条 5.1，5.2，5.3，5.4 は明らかに経営分野のプロセスと結び付いている．同様に箇条 6.1，6.2，6.3 は支援分野と結び付いている．箇条 8.1，8.2 は主要分野と結び付いている．

　それに対して，ISO 45001 のある箇条は，特定の経営マネジメントシステム構成要素との結び付きを明確に判断できず，可能性としては全ての経営マネジメントシステム構成要素と結び付いている要求事項がある．例えば，箇条 7 に要求されているいる事項は全てそうであり，資源，力量，認識，コミュニケーション，文書化などは組織の全てのシステム構成要素に適用可能である．ただし，経営プロセスに関与するトップ，役員，管理者の人々に力量，認識などの要求事項の適用が必要であるかについては疑問に思う組織があっても不思議ではない．力量，認識などの要求事項を誰に適用するのかは組織によって異なってよく，一般的には力量，認識のある人が経営プロセスに就いている．コミュニケーションについても，コミュニケーションの悪さが労働安全衛生問題の要因として取り上げられることが多いが，それはどことどこのプロセス，どことどこの部門，どことどこの活動におけるコミュニケーションの悪さを明

確にしなければならない．全てのプロセス，部門でコミュニケーションをよく
する活動は，どこのプロセス，部門でもコミュニケーションをよくする活動が
行われない可能性が高い．

　このように後者に属する要求事項は，組織特有の状況，課題，文化，風土な
どから規格要求事項の適用可能性を吟味することが必要であり，この吟味に
よってより有効に労働安全衛生パフォーマンスを向上させるマネジメントシス
テムにすることができる．

4.3　ステップ3：ISOMS のシステム構成要素と経営マネジメントシステムとの関係の明確化

令和工業の主要分野のプロセスとその実施部門は，図4-1のとおりである．

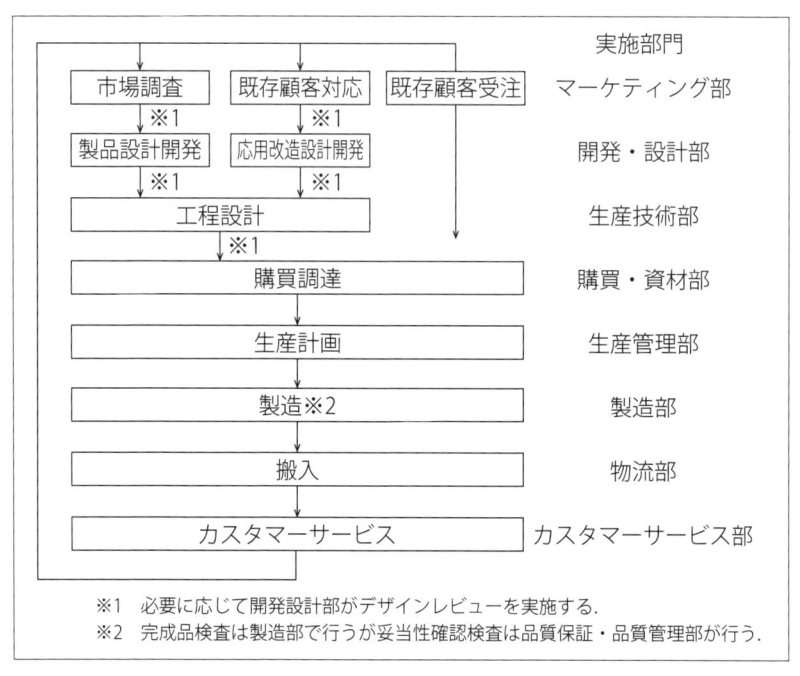

図 4-1　令和工業の主要分野のプロセス

令和工業の図 4-1 "令和工業の主要分野のプロセス" 以外の支援分野，及び経営分野のプロセスは次のようである.

・支援分野：品質管理，安全衛生，法務，文書管理，設備保全，IT サービス，
　　　　　　人事，教育訓練，経理，福利厚生

・経営分野：経営方針，事業計画，継続的改善，研究開発，CSR，株主管理

(1)　ISOMS のシステム構成要素を，経営 MS のシステム構成要素である主要
　　分野，支援分野，及び経営分野の三つに区分

　　ISO 45001 箇条 4〜10 は，令和工業の主要分野，支援分野，及び経営分野
に表 4-3 のように区分される.

表 4-3　"主要・支援・経営各分野別一覧表"

ISOMS のシステム構成要素	令和工業の主要分野	令和工業の支援分野	令和工業の経営分野
箇条 4 組織の状況	—	—	○
箇条 5 リーダーシップ	—	—	○
箇条 6 計画	—	○	—
箇条 7 支援（資源）	○	○	—
箇条 8 運用	○	○	○
箇条 9 パフォーマンス評価	○	○	○
箇条 10 改善	○	○	○

(2)　経営 MS のシステム構成要素の主要分野，支援分野，経営分野それぞれ
　　のプロセスを明確化

　　ISOMS のシステム構成要素別に主要・支援・経営の各プロセスを表 4-4 に
示す.

表 4-4　"主要・支援・経営各プロセス別一覧表"

ISOMS の システム構成要素	令和工業 主要分野の プロセス	令和工業 支援分野の プロセス	令和工業 経営分野の プロセス
組織の状況			経営方針，事業計画
リーダーシップ			経営方針，事業計画
計画		安全衛生	
支援（資源）	市場調査，製品設計開発，工程設計，購買調達，生産計画，製造，搬入，カスタマーサービス	安全衛生	
運用	市場調査，製品設計開発，工程設計，購買調達，生産計画，製造，搬入，カスタマーサービス	品質管理，安全衛生，法務，文書管理，設備保全，IT サービス，人事，教育訓練，経理，福利厚生	経営方針，事業計画，継続的改善，研究開発，CSR，株主管理
パフォーマンス評価	市場調査，製品設計開発，工程設計，購買調達，生産計画，製造，搬入，カスタマーサービス	品質管理，安全衛生，法務，文書管理，設備保全，IT サービス，人事，教育訓練，経理，福利厚生	経営方針，事業計画，継続的改善，研究開発，CSR，株主管理
改善	市場調査，製品設計開発，工程設計，購買調達，生産計画，製造，搬入，カスタマーサービス	品質管理，安全衛生，法務，文書管理，設備保全，IT サービス，人事，教育訓練，経理，福利厚生証	経営方針，事業計画，継続的改善，研究開発，CSR，株主管理

4.4 ステップ4：事業プロセスへの ISO 45001 要求事項の結び付け

このステップでは，事業プロセスに ISO 45001 の各箇条（箇条 5.2 や箇条 8.1.2 など）を単位として ISO 45001 要求事項を結び付ける（マッピング）．組織の日常活動は，プロセス単位で行われるのではなく，組織には部・課単位で "業務分掌規定" があり，そこに規定された役割，責任，権限に沿って日常の業務が行われている．事業プロセスと部・課を結び付けるのは主管部門の存在である．例えば，人事プロセスは管理部が主管部門になって，人的資源の管理運営を行っている．他の全ての部門は，管理部のリードのもとに人事プロセスに関して応分の責任を分担している．文書管理プロセスも同様に管理部のリードのもとに，他の全ての部門は，文書管理の運営管理を行っている．

事業プロセスへ ISO 45001 要求事項を結び付けるためには，組織の役割分担が決まっている必要がある．以下に令和工業の業務分掌を掲げる．

4.4.1 令和工業の業務分掌

表 4-5 に令和工業の業務分掌を示すが，部門の列に括弧書きされているものは "事業プロセス" であるが，部門はその事業プロセスのオーナー（主管部門）である．業務分掌の項目に下線が引かれている業務は，労働安全衛生に関係するものである．

表 4-5 令和工業の業務分掌

部門	業務分掌
マーケティング部 （市場調査プロセス）	・商品及びユーザーの情報収集に関する事項 ・既存ユーザーの拡販及び新規ユーザーの開拓に関する事項 ・売上統計資料分析及び管理に関する事項 ・既存取引先の取引中止に関する事項 ・取引条件に関する事項 ・広告宣伝予算に関する事項 ・カタログ，販売技術資料，マニュアル等の作成に関する事項

	・新聞，雑誌，専門紙等への広告，記事の企画実行に関する事項 ・各種展示会への参加と企画に関する事項
カスタマー サービス部 （カスタマー サービス）	・売上債権管理に関する事項 ・売掛金勘定の管理に関する事項 ・売掛金の請求に関する事項 ・販売計画と実績との差異分析に関する事項 ・損益計算に関する事項 ・販売価格の決定に関する事項 ・ユーザーからのカタログ等資料請求の受け付け発送と管理に関する事項 ・不良品，クレーム処理に関する事項 ・得意先の売上・検収業務に関する事項 ・受注計上に関する事項 ・年度予算案のまとめ及び管理に関する事項 ・販売契約に関する事項 ・売上，検収処理，与信管理に関する事項
開発設計部 （製品設計 開発）	・新技術開発に関する事項 ・知的財産権管理に関する事項 ・新製品の開発，製品の設計及び設計変更に関する事項 ・仕様，図面の制定，改廃，技術文書の保管に関する事項 ・環境負荷物質対策の推進に関する事項 ・デザインレビュー開催に関する事項 ・化学物質等による危険性又は有害性等の調査に関する事項
購買資材部 （購買調達）	・材料市場の調査に関する事項 ・材料，部品調達に関する事項 ・材料メーカー選定及び契約に関する事項 ・材料価格決定に関する事項 ・部材の標準化，改善に関する事項 ・部材改善に関する事項 ・資材，副資材の購入計画立案に関する事項 ・材料等の受入検収工程管理，品質管理の実施に関する事項
生産管理部 （生産計画）	・原価管理データの収集に関する事項 ・生産戦略，月次生産計画立案・進度管理に関する事項 ・外注工場への生産指示に関する事項

	・納期調整に関する事項 ・納期回答に関する事項 ・<u>外注工場への部品，組立品購入依頼及び材料支給に関する事項</u> ・製品の適正在庫の判定と確保に関する事項
物流部 （搬入・搬出）	・物流システムの立案，改善全般に関する事項 ・<u>製品の入出庫，製品発送，運搬，在庫管理，保管方法に関する事項</u> ・資材，副資材の購入，入出庫，保管事項に関する事項 ・<u>安全点検活動に関する事項</u>
製造部 （製造）	・<u>製品の製造に関する事項</u> ・製造工程の品質管理確認業務に関する事項 ・製品の仕様どおり生産された記録の確認に関する事項 ・生産技術部との定期会議での現場の声を提供する事項 ・品質保証・品質管理部に定期会議で現場の声を提供する事項 ・生産会議開催（月1回）に関する事項 ・<u>安全点検活動に関する事項</u>
生産技術部 （工程設計）	・原価見積りに関する事項 ・<u>作業教育に関する事項</u> ・<u>設備機器の定期検査に関する事項</u> ・<u>機械器具の保全管理に関する事項</u> ・<u>工程表及び工程図の計画，発行に関する事項</u> ・<u>工程改善，作業方法，作業条件の研究及び指導に関する事項</u> ・<u>自働化機械システムの立案設計及び実施の推進に関する事項</u> ・<u>品質・生産性向上，省力化に対する機械器具，治工具類の設計，計画購入に関する事項</u> ・標準時間の設定に関する事項 ・<u>作業上の事故対策に関する事項</u> ・<u>生産ラインレイアウト変更に関する事項</u> ・<u>生産設備の改善に関する事項</u> ・<u>安全点検活動に関する事項</u>
品質保証部 （品質管理）	・出荷品の品質確認に関する事項 ・規定・規格の制定，改廃及び管理に関する事項 ・標準器，測定機器の校正・管理に関する事項 ・<u>定期品質試験に関する事項</u>

	・認定業務に関する事項 ・クレーム処理に関する事項 ・品質会議開催（月 1 回）に関する事項 ・内部監査に関する事項
管理部 （安全衛生, 法務, 文書管理, 設備保全, IT サービ ス, 人事, 教育訓練, 経理, 福利厚生）	・決算業務に関する事項（四半期・年度） ・月次決算に関する事項 ・会計制度に関する企画並びに立案事項 ・経理関係諸規定に関する事項 ・公認会計士の監査に関する事項 ・小切手, 手形の受入れ・発行・保管に関する事項 ・資金計画の立案及び実績の検討に関する事項 ・銀行取引に関する事項 ・資金の借入, 返済並びにこれに伴う業務に関する事項 ・固定資産の取扱に関する事項 ・税務申告及び納付に関する事項 ・内部統制に関する事項 ・不良資産の処分申請に関する事項 ・預金・借入金・買掛金・未収入金の残高確認照合に関する事項 ・取締役会・執行役員会に関する事項 ・文書管理に関する事項 ・不動産関係に関する事項 ・人事政策の策定実施に関する事項 ・組織機構及び職制の変更決定に関する事項 ・採用方針の決定, 採用に関する事項 ・人材開発, 教育訓練に関する事項 ・各種社会保険, 企業年金, 福利厚生, 文化体育, 労災に関する事項 ・労働法規の調査・研究に関する事項 ・労働組合に関する事項 ・安全衛生 (労働安全衛生環境委員会) に関する事項 ・社屋建物の保全管理に関する事項 ・ホームページ及び社内イントラ情報掲示版に関する事項 ・情報システム化の推進及び標準化に関する事項 ・通信インフラの整備・推進及び標準化に関する事項 ・情報セキュリティの整備・推進及び標準化に関する事項 ・社内イントラネット構築に関する事項

企画室 （経営方針， 事業計画， 継続的改善， 研究開発， CSR， 株主管理）	・株主総会関連，株式関係事務に関する事項 ・ＩＲに関する事項 ・<u>内部監査に関する事項</u>
企画室 （経営方針， 事業計画， 継続的改善， 研究開発， CSR， 株主管理）	・<u>中長期経営計画に関する事項</u> ・<u>事業計画に関する事項</u> ・<u>マネジメントレビューに関する事項</u> ・<u>研究開発に関する事項</u> ・コーポレートガバナンスに関する事項 ・CSR（企業の社会的責任）に関する事項 ・SDGs（持続可能な開発目標）に関する事項 ・株主，規制機関ほか利害関係者に関する事項 ・株主総会に関する事項 ・業界団体に関する事項
内部監査室	・全社の内部監査に関する事項

4.4.2　ISO 45001の要求事項と結び付く事業プロセス

ISO 45001は，本書第1章1.7節で述べたように，10の箇条から構成されており，箇条4から箇条10までが要求事項として規定されている．

以下では，箇条4から箇条10までに規定されている要求事項が，図4.1の令和工業のどの事業プロセスと結び付くかをISO 45001の各箇条〔箇条5.2（労働安全衛生方針）や箇条8.1.2（危険源の除去及び安全衛生リスクの低減）など〕を単位として，単位ごとに4.4.1項で紹介した令和工業の業務分掌との結び付けを検討する．

令和工業の事例で検討した結果は，下記文中に太字で☞以下に書かれているプロセスである．

【4.1　組織及びその状況の理解】

組織の目的に関連した労働安全衛生マネジメントシステムの"意図した成果"を達成しようとする際に，組織の達成能力に影響を与える外部及び内部の課題を決定することを要求している．

☞　経営分野：経営方針プロセス

【4.2　働く人及びその他の利害関係者のニーズ及び期待の理解】

　組織の労働安全衛生マネジメントシステムに関係する働く人と利害関係者を明確にし，その人たちがもつニーズ及び期待を決定する．また，その人たちがもつニーズ及び期待のうち，どれが法的要求事項か及びその他の要求事項であるかを決定することを要求している．

☞　経営分野：経営方針プロセス

【4.3　労働安全衛生マネジメントシステムの適用範囲の決定】

　組織に労働安全衛生マネジメントシステムを適用する範囲を設定することを求めている．箇条4.1で明確になった外部及び内部の課題と，4.2で決定された働く人及び関連する利害関係者からの要求事項，及び組織の活動に関連する作業を踏まえてマネジメントシステムの境界，適用可能性を決定しなければならない．

　労働安全衛生マネジメントシステムには，組織の管理下又は影響下にある労働安全衛生パフォーマンスに影響を与える活動，製品及びサービスを含むこととされている．

☞　経営分野：経営方針プロセス

【4.4　労働安全衛生マネジメントシステム】

　このISO 45001規格の要求事項に従って，必要なプロセス及びそれらの相互作用を含む，労働安全衛生マネジメントシステムを確立し，実施し，維持し，かつ，継続的に改善することを要求している．

☞　経営分野：経営方針プロセス

【5.1　リーダーシップ及びコミットメント】

トップマネジメントが組織の中で直接関与し，主導しなければならない活動

を規定している．働く人の積極的な参加をトップマネジメントが主導すること
を明記している．また，組織の"事業プロセス"に労働安全衛生マネジメント
システムの要求事項を統合すること，労働安全衛生マネジメントシステムの
"意図した成果"を達成することを要求している．"事業プロセス"とは，組織
の事業経営の活動を意味している．

　その他，トップマネジメントが直接関与し主導する活動として次のことが挙
げられている．

1) 　負傷や疾病を防止し，安全で健康的な職場と活動を提供する．
2) 　組織の戦略的な方向と両立した労働安全衛生方針，労働安全衛生目標を
　　確立する．
3) 　労働安全衛生マネジメントシステムに必要な資源を用意する．
4) 　労働安全衛生マネジメントシステムへの適合の重要性を伝達する．
5) 　労働安全衛生マネジメントシステムの有効性に寄与するよう人々を指揮
　　し，支援する．
6) 　継続的改善を推進する．
7) 　管理層がリーダーシップをとるように支援する．
8) 　組織に意図した成果の達成を支援する文化を形成して推進する．
9) 　働く人がインシデント，危険源，リスクなどを報告しても，報復を受け
　　ないようにする．
10) 　働く人の協議及び参加のプロセスを確立し，実施する．
11) 　安全衛生委員会が機能するように支援する．

☞　**経営分野：経営方針プロセス**

【5.2　労働安全衛生方針】

トップマネジメントは，働く人と協議したうえで労働安全衛生方針を決定し，
実施し，維持する．次の項目が要求されている．

a) 　労働安全衛生方針は次の内容を含んでいること．

1) 　負傷又は疾病を防止し，安全で健康的な労働条件の提供を確約し，組織

の目的，規模，状況，労働安全衛生リスク及び労働安全衛生機会などに適切である．

2) 労働安全衛生目標設定の枠組みを示す．

3) 法的要求事項，その他の要求事項を満たすことを確約している．

4) 危険源を除去し労働安全衛生リスクを低減することを確約している．

5) 労働安全衛生マネジメントシステムの継続的改善を確約している．

6) 働く人との協議及び参加を確約している．

b) 労働安全衛生方針は，次のようにすること．

1) 文書化した情報として利用可能である．

2) 組織内に伝達する．

3) 利害関係者が入手可能である．

4) 妥当かつ適切である．

☞　経営分野：経営方針プロセス

【5.3　組織の役割，責任及び権限】

トップマネジメントは次の項目に対して責任及び権限を割り当てなければならない．それが組織内すべてに周知され，文書化した情報として維持されなければならない．

a) 労働安全衛生マネジメントシステムが，この規格の要求事項に適合する．

b) 労働安全衛生マネジメントシステムのパフォーマンスをトップマネジメントに報告する．

働く人は，各自がかかわる労働安全衛生に責任を負わなければならない．

☞　経営分野：経営方針プロセス

【5.4　働く人の協議及び参加】

有効な労働安全衛生マネジメントシステムであるためには，組織は，働く人が労働安全衛生マネジメントシステムの開発から改善までに関わるプロセスを確立する必要がある．組織は次のことを行わなければならない．

a) 協議及び参加に必要な仕組み，時間，教育訓練及び資源を提供する．

b) 明確で理解しやすい労働安全衛生関連情報を利用できるようにする．

c) 参加の障害を取り除くか，最小化する．

d) 次の事項に対する非管理職との協議を強化する．

   1) 利害関係者のニーズ及び期待を決定する．

   2) 労働安全衛生方針を確立する．

   3) 組織上の役割，責任及び権限を適宜割り当てる．

   4) どのようにして法的要求事項及びその他の要求事項を満足するかを決める．

   5) 労働安全衛生目標を確立し，かつ，その達成を計画する．

   6) 外部委託，調達及び請負者の管理を決定する．

   7) モニタリング，測定及び評価を要する対象を決定する．

   8) 監査プログラムを計画し，確立し，実施し，かつ，維持する．

   9) 継続的改善のプロセスを確立する．

e) 次の事項に対する非管理職の参加を強化する．

   1) 非管理職の協議及び参加のための仕組みを決定する．

   2) 危険源の特定並びにリスク及び機会の評価をする．

   3) 危険源を除去し労働安全衛生リスクを低減するための処置をとる．

   4) 力量に関する要求事項及び教育訓練のニーズを特定し，教育訓練及び教育訓練の評価をする．

   5) 伝達の必要がある情報及びコミュニケーションの方法を決定する．

   6) 労働安全衛生リスクを低減する効果的な実施を決定する．

   7) インシデント及び不適合を調査し，是正処置を決定する．

☞ **支援分野：安全衛生プロセス**

☞ **経営分野：経営方針プロセス**

【6.1.1 一般】

労働安全衛生マネジメントシステムの計画を策定するとき，組織が 4.1（状

況）に規定する課題，並びに 4.2（働く人及び利害関係者）及び 4.3（労働安全衛生マネジメントシステムの適用範囲）に規定する要求事項を考慮し，次の項目のために取り組む必要がある"リスク及び機会"を決定することを規定している．

a)　労働安全衛生マネジメントシステムが，その"意図した成果"を達成できる．

b)　望ましくない影響を防止又は低減する．

c)　継続的改善を達成する．

　また，取り組む必要のあるリスク及び機会を決定するときに次の項目を考慮することを要求している．

― 危険源及び労働安全衛生リスク並びに労働安全衛生機会

― 法的要求事項及びその他の要求事項

　計画プロセスでは，労働安全衛生マネジメントシステムを変更することにより発生し得る"意図した成果"に影響するリスク及び機会を決定し，評価することを要求している．

　計画的な変更の場合は，変更を実施する前にこの評価を行うことを要求している．計画したとおりに実施されたことが確信できるようにリスク及び機会，並びにそれらに取り組むために必要なプロセス及び処置について，文書化した情報を維持することを要求している．

☞　**支援分野：安全衛生プロセス**

【6.1.2.1　危険源の特定】

　組織が危険源を特定するためのプロセスを確立し，実施し，かつ，維持することを要求している．プロセスには，次の項目を考慮すべきことが規定されている．

a)　作業編成，社会的要因（これには作業負荷，作業時間，虐待，ハラスメント及びいじめを含む），リーダーシップ及び組織の文化

b)　定常的及び非定常的な活動及び状況

1) 職場のインフラストラクチャ，設備，材料，物質及び物理的条件
2) 製品及びサービスの設計，研究，開発，試験，生産，組立，建設，サービス提供，保守又は廃棄
3) 人的要因
4) 実際の作業のやり方

c) 組織の内部及び外部で過去に起きたインシデント及びその原因

d) 緊急事態

e) 次の人々
1) 従業員，請負者，訪問者，その他職場に出入りする人々
2) 組織の活動によって影響を受け得る職場周辺の人々
3) 組織が直接管理していない場所にいる働く人

f) 次のその他の課題
1) 働く人のニーズ及び能力に合わせることへの配慮，作業領域，プロセス，据付，機械/機器，作業手順及び作業組織の立案
2) 組織の管理下の職場周辺の状況
3) 職場周辺で発生する組織管理外の状況

g) 労働安全衛生マネジメントシステムの変更

h) 危険源に関する知識及び情報の変更

☞ **支援分野：安全衛生プロセス**

【6.1.2.2　労働安全衛生リスク及び労働安全衛生マネジメントシステムに対するその他のリスクの評価】

組織が次の項目のためのプロセスを確立し，実施し，かつ，維持することを要求している．

a) 特定された危険源からの労働安全衛生リスクを評価する．

b) 労働安全衛生マネジメントシステムに関係するリスクを特定し評価する．

労働安全衛生リスクを評価するための方法及び基準を決定し，体系的に使用することを要求している．

これらの方法及び基準を文書化した情報として維持し，保持することを要求している.

☞　**支援分野：安全衛生プロセス**

【6.1.2.3　労働安全衛生機会及びその他の機会の評価】

組織が次の事項を評価するためのプロセスを確立し，実施し，かつ，維持することを要求している.

a)　労働安全衛生パフォーマンス向上の機会

　1)　作業を働く人に合わせ調整する機会

　2)　労働安全衛生リスクを除去又は低減する機会

b)　労働安全衛生マネジメントシステムを改善する機会

☞　**支援分野：安全衛生プロセス**

【6.1.3　法的要求事項及びその他の要求事項の決定】

組織が次の項目のためのプロセスを確立し，実施し，かつ，維持することを要求している.

a)　最新の法的要求事項及び組織が同意するその他の要求事項を確定し，入手する.

b)　これらの法的要求事項及びその他の要求事項の適用の方法，並びにコミュニケーションの必要があるものを決定する.

c)　労働安全衛生マネジメントシステムの構築，運用時にはこれらの法的要求事項及びその他の要求事項を考慮に入れる.

　この箇条の法的要求事項及びその他の要求事項に関しては，文書化した情報を維持し，保持することを要求している.

　また，文書化した情報は全ての変更が反映された最新の状態にしておかなければならない.

☞　**支援分野：安全衛生プロセス**

【6.1.4　取組みの計画策定】

次の項目の計画作成を要求している.

a)　決定したリスク及び機会への取組み

b)　法的要求事項及びその他の要求事項への取組み

c)　緊急事態への対応

また，次の事項を行う方法についても計画作成を要求している.

1)　その取組みの事業プロセスへの統合

2)　その取組みの有効性の評価

計画する際には，優先順位などを考慮に入れることを要求している.

さらに計画するとき，模範事例，技術上の選択肢，財務上，運用上，事業上の要求事項を考慮することを要求している.

☞　支援分野：安全衛生プロセス

【6.2.1　労働安全衛生目標】

労働安全衛生マネジメントシステムを維持し，改善し，労働安全衛生パフォーマンスの継続的改善を達成するために，関連する部門及び階層において労働安全衛生目標を確立することを要求している.

労働安全衛生目標は，次の項目を満たさなければならない.

a)　労働安全衛生方針と整合している.

b)　測定可能である，又はパフォーマンス評価が可能である.

c)　適用すべき要求事項を考慮に入れている.

d)　リスク及び機会の評価結果を考慮に入れている.

e)　働く人との協議の結果を考慮に入れている.

f)　モニタリングする.

g)　伝達する.

h)　必要に応じて，更新する.

☞　支援分野：安全衛生プロセス

【6.2.2　労働安全衛生目標を達成するための計画策定】

　労働安全衛生目標をどのように達成するか，すなわち誰が，いつ，何を行って，いつまでに達成するか，次の項目について実行計画を作成することを要求している．

a)　実施事項

b)　必要な資源

c)　責任者

d)　達成期限

e)　結果の評価方法．これには，モニタリングのための指標を含む．

f)　取組みを組織の事業プロセスに統合する方法

　この箇条の労働安全衛生目標及びそれらを達成するための計画に関して，文書化した情報として維持し，保持することを要求している．

☞　支援分野：安全衛生プロセス

【箇条7　支援】

【7.1　資源】

　労働安全衛生マネジメントシステムの確立，実施，維持及び継続的改善に必要な資源を決定し，提供することを要求している．

☞　主要分野：製造プロセス，搬入プロセス

☞　支援分野：人事プロセス，設備保全プロセス，安全衛生プロセス

【7.2　力量】

　労働安全衛生パフォーマンスに影響を与える組織の管理下にある業務を行うために働く人が必要とする力量について，次の項目を管理することを要求している．

a)　労働安全衛生パフォーマンスに影響を与える働く人に必要な力量を決定する．

b)　教育，訓練又は経験に基づいて，働く人が力量を備えている．

c)　必要な力量を身に付け維持するための処置をとる，また，とった処置の有効性を評価する．

d)　力量の証拠として，適切な文書化した情報を保持する．

☞　主要分野：製造プロセス，搬入プロセス

☞　支援分野：教育訓練プロセス，設備保全プロセス，安全衛生プロセス

【7.3　認識】

働く人に次の項目の労働安全衛生パフォーマンスに関する認識をもたせることを要求している．

a)　労働安全衛生方針及び労働安全衛生目標

b)　労働安全衛生マネジメントシステムの便益と有効性に対する自らの貢献

c)　労働安全衛生マネジメントシステム要求事項に適合しないことの意味及び起こり得る結果

d)　働く人に関連するインシデント及びその調査結果

e)　働く人に関連する危険源，労働安全衛生リスク及び決定された処置

f)　働く人は，生命又は健康に切迫して重大な危険があると考える労働状況から自ら逃れることができ，そのような行動をとったことに対して組織が不当なことをしない仕組み

☞　主要分野：製造プロセス，搬入プロセス

☞　支援分野：教育訓練プロセス，設備保全プロセス，安全衛生プロセス

【7.4.1　一般】

労働安全衛生マネジメントシステムに関連する内部及び外部のコミュニケーションに必要なプロセスを確立し，実施し，維持することを要求している．次のような多様性の側面（例えば，言語，文化，識字，障害）を考慮に入れることを規定している．

a)　コミュニケーションの内容

b)　コミュニケーションの実施時期

c)　コミュニケーションの対象者

1)　組織内部の様々な階層及び部門

2)　請負者及び職場の訪問者

3)　他の利害関係者

d)　コミュニケーションの方法

　組織は，コミュニケーションの必要性を検討するに当たって，多様性の側面（例えば，性別，言語，文化，識字，障害）を考慮に入れることを要求している．

　コミュニケーションのプロセスを確立するに当たって，関係する外部の利害関係者の見解を考慮することを要求している．

　コミュニケーションのプロセスを確立するに当たって，次の項目を要求している．

a)　法的要求事項及びその他の要求事項を考慮に入れる．

b)　コミュニケーションされる労働安全衛生情報は，労働安全衛生マネジメントシステムの情報と整合し，信頼性がある．

　労働安全衛生マネジメントシステムについて，必要なコミュニケーションをとることを要求している．

　必要に応じ，コミュニケーションの証拠として，文書化した情報を保持することを要求している．

　☞　**主要分野：製造プロセス，搬入プロセス**

　☞　**支援分野：教育訓練プロセス，設備保全プロセス，安全衛生プロセス**

【7.4.2　内部コミュニケーション】

　労働安全衛生マネジメントシステムに関連する内部コミュニケーションについて次の項目を要求している．

a)　労働安全衛生マネジメントシステムに関連する情報について，組織の様々な階層及び機能間で内部コミュニケーションを行う．

b)　コミュニケーションプロセスが，継続的改善に寄与できるようにする．

　☞　**主要分野：製造プロセス，搬入プロセス**

☞　**支援分野：教育訓練プロセス，設備保全プロセス，安全衛生プロセス**

【7.4.3　外部コミュニケーション】

労働安全衛生マネジメントシステムに関連する情報について，外部コミュニケーションを行うことを要求している．

☞　**主要分野：製造プロセス，搬入プロセス**

☞　**支援分野：教育訓練プロセス，設備保全プロセス，安全衛生プロセス**

【7.5.1　一般】

労働安全衛生マネジメントシステムの有効性のために必要であると組織が決定した，次の文書化した情報を維持することを要求している．

a)　この規格が要求する文書化した情報

b)　組織が決定した，文書化した情報

c)　法的要求事項及びその他の要求事項で要求されている文書化した情報

☞　**主要分野：製造プロセス，搬入プロセス**

☞　**支援分野：教育訓練プロセス，設備保全プロセス，安全衛生プロセス　　　　　文書管理プロセス**

【7.5.2　作成及び更新】

文書化した情報を作成及び更新する際，組織が行うことを次の項目で規定している．

a)　適切な識別及び記述（例えば，タイトル，日付，作成者，参照番号）

b)　適切な形式（例えば，言語，ソフトウェアの版，図表）及び媒体（例えば，紙，電子媒体）

c)　適切性及び妥当性に関する，適切なレビュー及び承認

☞　**主要分野：製造プロセス，搬入プロセス**

☞　**支援分野：教育訓練プロセス，設備保全プロセス，安全衛生プロセス　　　　　文書管理プロセス**

【7.5.3　文書化した情報の管理】

文書化した情報を適切に管理することが要求されている.

a)　文書化した情報が，必要なときに，必要なところで，入手可能かつ利用に適した状態である.

b)　文書化した情報が十分に保護されている（例えば，機密性の喪失，不適切な使用及び完全性の喪失からの保護）.

文書化した情報の管理を要求している.

― 配付，アクセス，検索及び利用

― 読みやすさが保たれることを含む，保管及び保存

― 変更の管理（例えば，版の管理）

― 保持及び廃棄

外部からの文書化した情報は，必要に応じて，識別，管理することを要求している.

☞　**主要分野：製造プロセス，搬入プロセス**

☞　**支援分野：教育訓練プロセス，設備保全プロセス，安全衛生プロセス　　　　　文書管理プロセス**

【8.1.1　一般】

労働安全衛生マネジメントシステムの要求を満足させるためのプロセス，及び6.1の取組計画のためのプロセスを計画し，実施し，かつ，管理することを要求している.

a)　プロセスに関する基準の設定

b)　その基準に従った，プロセスの管理の実施

c)　プロセスが計画どおりに実施された証拠に必要な程度の文書化した情報の維持及び保持

d)　働く人に合わせた作業の調整

複数の事業者が混在する職場では，関係する労働安全衛生マネジメントシステム部分を他の組織と調整することを要求している.

☞　**主要分野：製造プロセス，搬入プロセス，他すべてのプロセス**

☞　**支援分野：教育訓練プロセス，設備保全プロセス，安全衛生プロセス，
　　　　他すべてのプロセス**

☞　**経営分野：すべてのプロセス**

【8.1.2　危険源の除去及び労働安全衛生リスクの低減】

次の優先順位に沿って労働安全衛生リスクを低減するプロセスを設定し，管理策を決定することを規定している．

a)　危険源を除去する．

b)　危険性の低い材料，プロセス，操作又は設備に切り替える．

c)　工学的に対応する．

d)　管理的に対応する．

e)　個人用保護具を使用する．

☞　**主要分野：製造プロセス，搬入プロセス**

☞　**支援分野：教育訓練プロセス，設備保全プロセス，安全衛生プロセス**

【8.1.3　変更の管理】

労働安全衛生パフォーマンスに影響を及ぼす変更の管理のためのプロセスを確立することを要求している．

a)　次のものを含む変更

　1)　職場の場所，職場の周りの状況

　2)　作業の構成

　3)　労働条件

　4)　設備

　5)　労働力

b)　法的要求事項及びその他の要求事項の変更

c)　危険源及び関連する労働安全衛生リスクに関する知識又は情報の変化

d)　知識及び技術の発達

意図しない変更によって生じた結果をレビューし，必要に応じて，有害な影響を軽減するための処置をとることを要求している．

☞ **主要分野：製造プロセス，搬入プロセス**

☞ **支援分野：教育訓練プロセス，設備保全プロセス，安全衛生プロセス**

【8.1.4.1 一般】

製品及びサービスの調達を管理するプロセスを確立し，実施し，かつ維持することを要求している．

☞ **主要分野：購買調達プロセス，製造プロセス，搬入プロセス**

☞ **支援分野：教育訓練プロセス，設備保全プロセス，安全衛生プロセス**

【8.1.4.2 請負業者】

危険源を特定し，労働安全衛生リスクを評価し管理するための調達プロセスを請負者と調整することを要求している．

a) 組織に影響を与える請負業者の活動及び業務

b) 請負者の働く人に影響を与える組織の活動及び業務

c) 職場のその他の利害関係者に影響を与える請負者の活動及び業務

組織の調達プロセスでは，請負者選定に関わる労働安全衛生基準を定めて適用することを要求している．

☞ **主要分野：購買調達プロセス，製造プロセス，搬入プロセス**

☞ **支援分野：教育訓練プロセス，設備保全プロセス，安全衛生プロセス**

【8.1.4.3 外部委託】

外部委託した機能及びプロセスが管理されていること，法的要求事項及びその他の要求事項に整合していること，並びに労働安全衛生マネジメントシステムの意図した成果の達成に適切であることを要求している．機能及びプロセスに適用される管理の方式及び程度は，労働安全衛生マネジメントシステムの中で定めることを要求している．

☞　**主要分野：購買調達プロセス，製造プロセス，搬入プロセス**

☞　**支援分野：教育訓練プロセス，設備保全プロセス，安全衛生プロセス**

【8.2　緊急事態への準備及び対応】

　次の項目を含め緊急事態への準備及び対応のために必要なプロセスの確立，実施，維持を要求している．

a)　救急処置を含めた緊急事態への計画的な対応を確立する．

b)　計画的な対応をする能力について教育訓練を行う．

c)　計画的な対応をする能力について定期的にテスト及び訓練を行う．

d)　テスト後及び緊急事態発生後にパフォーマンスを評価し，必要に応じて計画的な対応を改訂する．

e)　働く人の義務及び責任に関わる情報を伝達し提供する．

f)　請負者，訪問者，緊急時対応サービス，政府機関，地域社会に対し関連情報を伝達する．

g)　利害関係者のニーズ及び能力を考慮に入れ，対応の策定に当たっては利害関係者の関与を確実なものにする．

　この箇条の緊急事態への準備及び対応のプロセス及び計画に関して，文書化した情報の維持，保持を要求している．

☞　**主要分野：製造プロセス，搬入プロセス**

☞　**支援分野：教育訓練プロセス，設備保全プロセス，安全衛生プロセス**
　　　　　IT サービスプロセス

【9.1.1　一般】

　モニタリング，測定，分析及びパフォーマンス評価のプロセスの確立，実施，維持を要求している．

a)　次の事項を含めた，モニタリング及び測定が必要な対象

　1)　法的要求事項及びその他の要求事項の順守の程度

　2)　危険源及びリスクと機会に関わる組織の活動及び運用

3)　組織の労働安全衛生目標達成に向けた進捗

4)　運用及びその他の管理策の有効性

b)　モニタリング，測定，分析及びパフォーマンス評価の方法

c)　労働安全衛生パフォーマンスを評価するための基準

d)　モニタリング及び測定の実施時期

e)　モニタリング及び測定の結果，分析，評価及びコミュニケーションの時期

　労働安全衛生パフォーマンスを評価し，労働安全衛生マネジメントシステムの有効性を判断することを要求している．

　モニタリング及び測定機器は校正又は検証され，使用，維持されることを要求している．

　次のための文書化した情報を保持することを要求している．

　― モニタリング，測定，分析及びパフォーマンス評価の結果の証拠

　― 測定機器の保守，校正又は検証の記録

☞　**主要分野：製造プロセス，搬入プロセス**

☞　**支援分野：教育訓練プロセス，設備保全プロセス，安全衛生プロセス**
　　IT サービスプロセス

【9.1.2　順守評価】

　法的要求事項及びその他の要求事項への適合を評価するプロセスを確立し，実施し，かつ，維持することを要求している．

a)　順守を評価する頻度及び方法を決定する．

b)　必要に応じて処置をとる．

c)　法的要求事項及びその他の要求事項の順守状況を知って理解している．

d)　順守評価の結果の文書化した情報を保持する．

☞　**主要分野：製造プロセス，搬入プロセス**

☞　**支援分野：教育訓練プロセス，設備保全プロセス，安全衛生プロセス**
　　IT サービスプロセス

【9.2.1　一般】

労働安全衛生マネジメントシステムが有効に実施され維持されているか否かの情報を得るために内部監査を実施することを要求している.

a)　次の事項に適合している.

　　1)　労働安全衛生方針，労働安全衛生目標，組織自体が規定した要求事項

　　2)　この規格の要求事項

b)　有効に実施され，維持されている.

　☞　**主要分野：購買調達プロセス，製造プロセス，搬入プロセス**

　☞　**支援分野：教育訓練プロセス，設備保全プロセス，安全衛生プロセス**

【9.2.2　内部監査プログラム】

次の内部監査プログラムの作成を要求している.

a)　監査プログラムには，頻度，方法，責任，協議，計画要求，報告を含む.
　　監査プログラムは，プロセスの重要性，前回までの監査の結果を考慮に入れる.

b)　監査基準及び監査範囲を明確にする.

c)　力量のある監査員を選定する.

d)　監査の結果を管理者に報告する.　働く人及び他の利害関係者に関連する監査結果があれば報告する.

e)　不適合に取り組むための処置をとり，労働安全衛生パフォーマンスを継続的に向上させる.

f)　監査プログラムの実施及び監査結果の証拠として，文書化した情報を保持する.

　☞　**主要分野：購買調達プロセス，製造プロセス，搬入プロセス**

　☞　**支援分野：教育訓練プロセス，設備保全プロセス，安全衛生プロセス**

【9.3　マネジメントレビュー】

トップマネジメントに対して，組織の労働安全衛生マネジメントシステムが引き続き適切，妥当，かつ有効であることを評価することを要求している.

労働安全衛生マネジメントレビューは，次の項目について行うことを要求している．

a)　前回までのマネジメントレビューの結果とった処置の状況

b)　次の事項を含む外部及び内部の課題の変化

　1)　利害関係者のニーズ及び期待

　2)　法的要求事項及びその他の要求事項

　3)　組織のリスク及び機会

c)　労働安全衛生方針及び労働安全衛生目標の達成度

d)　次の労働安全衛生パフォーマンスに関する情報

　1)　インシデント，不適合，是正処置及び継続的改善

　2)　モニタリング及び測定の結果

　3)　法的要求事項及びその他の要求事項の順守評価の結果

　4)　監査結果

　5)　働く人の協議及び参加

　6)　リスク及び機会

e)　資源の妥当性

f)　利害関係者との関連するコミュニケーション

g)　継続的改善の機会

　マネジメントレビューからのアウトプットには，次に関係する決定を含むことが要求されている．

　　— 意図した成果を達成するための労働安全衛生マネジメントシステムの継続的な適切性，妥当性及び有効性

　　— 継続的改善の機会

　　— 労働安全衛生マネジメントシステムの変更の必要性

　　— 必要な資源

　　— もしあれば，必要な処置

　　— 労働安全衛生マネジメントシステムとその他の事業プロセスとの統合を改善する機会

— 組織の戦略的方向に対する示唆

トップマネジメントは，マネジメントレビューの関連するアウトプットを，働く人に伝達しなければならない．

マネジメントレビューの証拠として，文書化した情報を保持することを要求している．

☞　主要分野：購買調達プロセス，製造プロセス，搬入プロセス

☞　支援分野：教育訓練プロセス，設備保全プロセス，安全衛生プロセス

☞　経営分野：継続的改善プロセス

【10.1　一般】

改善の機会を決定し，労働安全衛生マネジメントシステムの意図した成果を達成するために，必要な取組みを実施することを要求している．

☞　主要分野：購買調達プロセス，製造プロセス，搬入プロセス

☞　支援分野：教育訓練プロセス，設備保全プロセス，安全衛生プロセス

☞　経営分野：継続的改善プロセス

【10.2　インシデント，不適合及び是正処置】

報告，調査及び処置を含めた，インシデント及び不適合を管理するためのプロセスを確立し，実施し，かつ，維持することを要求している．

インシデント又は不適合が発生した場合，次の項目を行うことを要求している．

a)　インシデント又は不適合に遅滞なく対処し，次の項目を行う．

　1)　インシデント又は不適合を管理し，修正するための処置をとる．

　2)　インシデント又は不適合によって起こった結果に対処する．

b)　インシデント又は不適合が再発しないようにするため，働く人，他の関係する利害関係者を関与させて，インシデント又は不適合の根本原因を除去する（是正処置）必要性を評価する．

　1)　インシデントを調査し又は不適合をレビューする．

　2)　インシデント又は不適合の原因を究明する．

3) 類似のインシデントが起きているか，不適合の有無，又はいずれかが発生する可能性を明確にする．

c) 必要に応じて，労働安全衛生リスク及びその他のリスクの既存の評価をレビューする．

d) 管理策の優先順位及び変更の管理に従い，是正処置を含めた，必要な処置を決定し実施する．

e) 変化した危険源が生じる可能性がある場合は，対策を実施する前に労働安全衛生リスクの評価を行う．

f) とった全ての対策の有効性をレビューする．

g) 労働安全衛生マネジメントシステムの変更を行う．

是正処置は，検出されたインシデント又は不適合のもつ影響又は起こり得る影響に応じたものでなければならない．

次の項目の証拠として，文書化した情報を保持していくことを要求している．

—— インシデント又は不適合の性質及びとった処置

—— とった処置の有効性を含めた全ての対策及び是正処置の結果

改善に関して，文書化した情報を働く人，関係する利害関係者に伝達することを要求している．

☞　主要分野：購買調達プロセス，製造プロセス，搬入プロセス

☞　支援分野：教育訓練プロセス，設備保全プロセス，安全衛生プロセス

☞　経営分野：継続的改善プロセス

【10.3　継続的改善】

次の労働安全衛生マネジメントシステムの適切性，妥当性及び有効性を継続的に改善することを要求している．

a) 労働安全衛生パフォーマンスを向上させる．

b) 労働安全衛生マネジメントシステムを支援する文化を推進する．

c) 継続的改善の対策の実施への働く人の参加を推進する．

d) 継続的改善の関連する結果を，働く人に伝達する．

e) 継続的改善の証拠として，文書化した情報を維持し，保持する．

☞ **主要分野：購買調達プロセス，製造プロセス，搬入プロセス**

☞ **支援分野：教育訓練プロセス，設備保全プロセス，安全衛生プロセス**

☞ **経営分野：継続的改善プロセス**

4.4.3 事業プロセスへの ISO 45001 要求事項の結び付け一覧表

4.4.2 項で ISO 45001 要求事項と令和工業の事業プロセスとがどう結び付くかを分析した．ここではその結び付けを表にまとめている．

ここで重要なことは，組織の事業プロセスを軸にして ISO 45001 要求事項を結び付けることである．ステップ 4.1（ステップ 1）から 4.4（ステップ 4）まで，ISO 45001 を軸に経営マネジメントシステム／事業プロセスを結び付けてきたが，これは統合ステップを進める上で作業がしやすくなるからである．統合ステップの最終的な形は，令和工業の事業プロセス（A）を軸にして，そこに ISO 45001 要求事項（B）を結び付けるほうがよい．組織はそれまで培ってきた経営マネジメントシステムで組織を運営をしてきているので，現実に存在している経営マネジメントシステムを主体に統合を考えていくべきである．ISO 規格は，専門家が議論した最大公約数でつくられた理想の姿であって，組織がそのままに活用できるわけではなく，組織の現状に合わせて修整（tailoring）していかなければならない．

事業プロセスにどの ISO 45001 要求事項を結び付けるかは，組織の経営マネジメントシステムの労働安全衛生に関する要素がどのように構築されているかによる．

表 4-6 "事業プロセスへの ISO 45001 要求事項の結び付け一覧表" は，4.4.2 項の分析をもとに次の考え方で作成した．

① 事業プロセスの活動で ISO 45001 と結び付かないものには "―" の表記をした．

② 労働安全衛生活動は，全ての事業プロセスで行われているので，全ての

プロセスに箇条 8.1.1 を結び付けた.

③ "2.2 安全衛生プロセス"は，令和工業における労働安全衛生の中心的プロセスであり，箇条5，箇条6，箇条8，箇条9，箇条10と一番多くの ISO 45001 と結び付いている.

④ "2.4 文書管理プロセス"に箇条 7.5.1，7.5.2，7.5.3 を結び付けている.

⑤ "2.1 品質保証プロセス"の業務分掌"内部監査活動"に箇条 9.2 を結び付けている.

⑥ 活動欄において，下線の引かれている分掌は特に労働安全衛生に関係する職務である.

表 4-6 事業プロセスへの ISO 45001 要求事項の結び付け一覧表

マネジメントシステム要素	令和工業㈱事業プロセス	主管部門	活動（業務分掌）	ISO 45001要求事項
1.主要	1.1 市場調査	マーケティング部	1.1.1 商品及びユーザーの情報収集	―
			1.1.2 既存，新規ユーザーの拡販	―
			1.1.3 売上統計資料分析及び管理	―
			1.1.4 既存取引先の取引中止，取引条件	8.1.1
			1.1.5 広告宣伝予算，新聞，雑誌，専門紙等への広告，記事の企画実行	―
			1.1.6 カタログ，販売資料，マニュアル	―

		1.1.7 各種展示会への参加と企画	―
1.2 製品設計開発	開発・設計部	1.2.1 新技術開発，知的財産権管理	8.1.1
		1.2.2 新製品の開発，製品の設計・変更	―
		1.2.3 仕様，図面の制定，改廃，技術文書の保管	―
		1.2.4 環境負荷物質対策の推進	8.1.2
		1.2.5 デザインレビュー開催	―
		1.2.6 化学物質等による危険性又は有害性等の調査	6.1.2
1.3 工程設計	生産技術部	1.3.1 原価見積り，作業教育	5.4, 7.2, 8.1.1
		1.3.2 設備機器の定期検査	8.1.1
		1.3.3 機械器具の保全管理	8.1.1
		1.3.4 工程表及び工程図の計画，発行	―
		1.3.5 工程改善，作業方法，作業条件の研究	8.1.1
		1.3.6 自働化機械システムの立案設計及び実施	8.1.1
		1.3.7 品質・生産性向上，省力化に対する機械器具，治工具類の設計，計画購入	8.1.1
		1.3.8 標準時間の設定	6.2.2
		1.3.9 作業上の事故対策	6.1.2
		1.3.10 生産ラインレイアウト変更	8.1.3
		1.3.11 生産設備の改善	10.3
		1.3.12 安全点検活動	9.1.1, 9.1.2
1.4 購買調達	購買・資材部	1.4.1 材料市場の調査	―
		1.4.2 材料，部品調達	―

		1.4.3 材料メーカー選定及び契約	8.1.1, 8.1.4.1, 8.1.4.2, 8.1.4.3
		1.4.4 材料価格決定	—
		1.4.5 部材の標準化，部材改善	—
		1.4.6 資材，副資材の購入計画	—
		1.4.7 材料等の受入検収工程管理，品質管理の実施	8.1.1
1.5 生産計画	生産管理部	1.5.1 原価管理データの収集に関する事項	—
		1.5.2 生産戦略，月次生産計画立案・進度管理に関する事項	—
		1.5.3 外注工場への生産指示に関する事項	8.1.4.1, 8.1.4.2, 8.1.4.3
		1.5.4 納期調整に関する事項	—
		1.5.5 納期回答に関する事項	—
		1.5.6 外注工場への部品，組立品購入依頼及び材料支給に関する事項	8.1.1
		1.5.7 製品の適正在庫の判定と確保に関する事項	—
1.6 製造	製造部	1.6.1 製品の製造に関する事項	7.1，7.2，7.3，8.1.1，8.1.2，8.1.3，8.2
		1.6.2 製造工程の品質管理確認業務に関する事項	—
		1.6.3 製品の仕様通り生産された記録の確認に関する事項	—
		1.6.4 生産技術部との定期会議での現場の声を提供する事項	—

		1.6.5 品質保証品質管理部に定期会議で現場の声を提供する事項	—
		1.6.6 生産会議開催（月1回）に関する事項	—
		1.6.7 <u>安全点検活動</u>に関する事項	9.1.1, 9.1.2
1.7 搬入	物流部	1.7.1 物流システムの立案，改善全般に関する事項	—
		1.7.2 <u>製品の入出庫，製品発送，運搬，在庫管理，保管方法</u>に関する事項	7.1, 7.2, 7.3, 8.1.1, 8.1.2, 8.1.3, 8.2
		1.7.3 資材，副資材の購入，入出庫，保管事項に関する事項	—
		1.7.4 <u>安全点検活動</u>に関する事項	9.1.1, 9.1.2
1.8 カスタマーサービス	カスタマーサービス部	1.8.1 売上債権管理に関する事項	—
		1.8.2 売掛金勘定の管理に関する事項	—
		1.8.3 売掛金の請求に関する事項	—
		1.8.4 販売計画と実績との差異分析に関する事項	—
		1.8.5 損益計算に関する事項	—
		1.8.6 販売価格の決定に関する事項	—
		1.8.7 ユーザーからのカタログ等資料請求の受け付け発送と管理に関する事項	—
		1.8.8 <u>不良品，クレーム処理</u>に関する事項	8.1.1
		1.8.9 得意先の売上・検収業務に関する事項	—
		1.8.10 受注計上に関する事項	—
		1.8.11 年度予算案のまとめ及び管理に関する事項	—

			1.8.12 販売契約に関する事項	—
			1.8.13 売上，検収処理，与信管理に関する事項	—
2. 支援	2.1 品質管理	品質保証・品質管理部	2.1.1 出荷品の品質確認に関する事項	8.1.1
			2.1.2 規定・規格の制定，改廃及び管理に関する事項	—
			2.1.3 標準器，測定機器の校正・管理に関する事項	—
			2.1.4 定期品質試験に関する事項	6.1.2
			2.1.5 認定業務に関する事項	—
			2.1.6 クレーム処理に関する事項	8.1.1
			2.1.7 品質会議開催（月 1 回）に関する事項	—
			2.1.8 内部監査に関する事項	9.2.1, 9.2.2
	2.2 安全衛生	管理部	2.2.1 労働法規の調査・研究に関する事項	6.1.1, 6.1.2.1, 6.1.2.2, 6.1.2.3, 6.1.3, 6.1.4, 6.2.1, 6.2.2
			2.2.2 労働組合に関する事項	8.1.1
			2.2.3 安全衛生 (労働安全衛生環境委員会) に関する事項	5.4, 8.1.2, 8.1.3, 8.2, 9.1.1, 9.1.2, 10.1, 10.2, 10.3
	2.3 法務	管理部	2.3.1 株主総会関連，株式関係事務に関する事項	—
			2.3.2 IR に関する事項	—
			2.3.3 取締役会・執行役員会に関する事項	—
			2.3.4 不動産関係に関する事項	—

2.4 文書管理	管理部	2.4.1 <u>文書管理に関する事項</u>	7.5.1, 7.5.2, 7.5.3
2.5 設備保全	管理部	2.5.1 <u>社屋建物の保全管理に関する事項</u>	8.1.1, 8.2
2.6 IT サービス	管理部	2.6.1 ホームページ及び社内イントラ情報掲示版に関する事項	―
		2.6.2 情報システム化の推進及び標準化に関する事項	―
		2.6.3 通信インフラの整備・推進及び標準化に関する事項	―
		2.6.4 情報セキュリティの整備・推進及び標準に関する事項	―
		2.6.5 社内イントラネット構築に関する事項	―
2.7 人事	管理部	2.7.1 人事政策の策定実施に関する事項	7.1, 8.1.1
		2.7.2 組織機構及び職制の変更決定に関する事項	―
		2.7.3 採用方針の決定，採用に関する事項	―
2.8 教育訓練	管理部	2.8.1 <u>人材開発，教育訓練に関する事項</u>	7.1, 7.2, 7.3, 8.1.1
2.9 経理	管理部	2.9.1 決算に関する事項	―
		2.9.2 会計制度，経理関係諸規定に関する企画	―
		2.9.3 公認会計士監査，税務調査に関する事項	―
		2.9.4 税務申告及び納付に関する事項	―
		2.9.5 資金計画，銀行取引に関する事項	―

			2.9.6 資金の借入，返済並びにこれに伴う業務に関する事項	—
			2.9.7 固定資産の取扱に関する事項	—
			2.9.8 内部統制に関する事項	—
			2.9.9 連結四半期，中間及び期末決算の確定・報告	—
	2.10 福利厚生	管理部	2.10.1 各種社会保険，企業年金，福利厚生，文化体育，労災に関する事項	8.1.1
3. 経営	3.1 経営方針	企画室	3.1.1 中長期経営計画に関する事項	4.1, 4.2, 4.3, 4.4, 5.1, 5.2, 5.3, 5.4
			3.1.2 コーポレートガバナンスに関する事項	—
	3.2 事業計画	企画室	3.2.1 事業計画に関する事項	8.1.1
	3.3 継続的改善	企画室	3.3.1 マネジメントレビューに関する事項	9.2.1, 9.2.2 9.3
	3.4 研究開発	企画室	3.4.1 研究開発に関する事項	8.1.1
	3.5 CSR	企画室	3.5.1 CSR／SDGs に関する事項	—
	3.6 株主管理	企画室	3.6.1 株主，規制機関ほか利害関係者に関する事項	—
	3.7 内部監査	内部監査室	3.7.1 会社の内部監査に関する事項	9.2.1, 9.2.2

4.5　ステップ 5：労働安全衛生に関係する標準書に ISO 45001 要求事項を反映

　統合の最終ステップは，いままで結び付けてきた組織マネジメントシステムシステム構成要素（A）と ISO マネジメントシステムのシステム構成要素（B）の整合性を組織規定類の中で確認することである．組織の日常活動は基本的に

標準化され，標準化されたものはマニュアル，規定書，手順書，指示書などにルールとして定められている．組織の日常活動は，これらの諸規定類に沿って行われている．

　なお，組織には，ルールとして決められていなくても，慣習として行われていることも多々あるが，それらはマネジメントシステムの範疇に入れない．組織がオーソライズせず形式化していない慣習は時代の変遷と共にいつしかなくなっていってしまう．

　経営マネジメントシステムは，会社が正式にルールとして制定し，従業員に順守することを義務付けた事柄で構成されていなければならない．これらの規定された経営マネジメントシステムシステム構成要素は，組織が存在している限り維持，管理されていくべきものであり，規定されたことは監視，測定され，最新化されたルール状態で組織のパフォーマンス向上につながっているか確認しなければならい．

　ステップ4で結び付けた ISO 45001 要求事項は，組織の労働安全衛生標準書の中に決められているか，もし決められていなかったら標準書を修正するか，新たに規定するか，などの対応をとることで，組織マネジメントシステムに統合されることになる．

4.5.1 組織に既存の OHS に関係する標準書

　組織の既存の文書類の中に労働安全衛生に関係する標準書としてどのようなものがあるのかを調査する．組織の労働安全衛生マニュアル，規定書，手順書，指示書などについて一覧表を作成し，文書発行責任者部門と ISO 45001 要求事項との結びつけから，加除修正すべき労働安全衛生標準書を特定する．

　表 4-7 は令和工業の標準書の中から労働安全衛生に関係する標準書として特定した文書一覧である．

表4-7　令和工業の労働安全衛生に関係する文書一覧

文書名	主管部門
取締役会規定	企画室
企画室規定	企画室
営業本部規定	営業本部
開発本部規定	開発本部
購買本部規定	購買本部
計画本部規定	計画本部
生産本部規定	生産本部
品質本部規定	品質本部
管理本部規定	管理本部
就業規則	管理本部
職務分掌及び権限規定	管理本部
品質委員会規定	品質本部
原価委員会規定	計画本部
計画委員会規定	計画本部
労働安全衛生環境委員会規定	管理本部
文書管理規定	管理本部
記録管理規定	管理本部
マネジメントレビュー規定	企画室
労働安全衛生規定	管理本部管理部総務担当
労働安全衛生目標規定	管理本部管理部総務担当
安全衛生管理手順書　局所排気	管理本部管理部総務担当
安全衛生管理手順書　防火管理	管理本部管理部総務担当
安全衛生管理手順書　有機溶剤	管理本部管理部総務担当
安全衛生管理手順書　リスクアセスメント	管理本部管理部総務担当
安全衛生管理手順書　危険源	管理本部管理部総務担当
安全衛生管理手順書　法律	管理本部管理部総務担当
安全衛生管理手順書　管理策	管理本部管理部総務担当
安全衛生管理手順書　緊急事態	管理本部管理部総務担当

安全衛生管理手順書　リスク及び機会	管理本部管理部総務担当
安全衛生手順書　パフォーマンス評価	管理本部管理部総務担当
安全衛生手順書　改善	管理本部管理部総務担当
監視・測定及び分析規定	品質本部
設備管理規定	生産本部
製品取扱い及び出荷規定	計画本部
製品検査規定	品質本部
計測器管理規定	品質本部
是正処置規定	品質本部
教育訓練規定	管理本部管理部人事担当
内部監査規定	内部監査室

4.5.2　労働安全衛生に関係する標準書と ISO 45001 箇条の結び付け

　組織の既存の労働安全衛生に関係する標準書が明確になったら，次に行うことは労働安全衛生に関係する標準書類と ISO 45001 規格の箇条との結び付けを行う．この作業には表 4-6 "事業プロセスへの ISO 45001 要求事項の結び付け一覧表" を使う．4.4.3 の表 4-6 には事業プロセスの主管部門が規定されているので，4.5.1 の表 4-7 "令和工業の労働安全衛生に関係する文書一覧" の主管部門と合致する労働安全衛生に関係する文書を特定する．これで労働安全衛生に関係する標準書類と ISO 45001 箇条の結び付けが行えるが，この特定は確実に行うことが必要である．ここでの作業に抜けがあると，組織に類似の標準書類が 2 種類作成されることになってしまい，後日の混乱の元になるからである．

　表 4-8 に令和工業の労働安全衛生に関係する標準書と ISO 45001 箇条の結び付けしたものを示す．

表 4-8　労働安全衛生に関係する標準書と ISO 45001 箇条の結び付け一覧表

マネジメントシステム要素	令和工業事業プロセス	主管部門	OHS に関係する標準書	ISO 45001 要求事項
1. 主要	1.1 市場調査	マーケティング部	営業本部規定	8.1.1
	1.2 製品設計開発	開発・設計部	開発本部規定	6.1.2, 8.1.1, 8.1.2
	1.3 工程設計	生産技術部	生産本部規定	5.4, 6.1.2, 6.2.2, 8.1.1, 8.1.3, 10.3
	1.4 購買調達	購買・資材部	購買本部規定	8.1.1, 8.1.4.1, 8.1.4.2, 8.1.4.3
	1.5 生産計画	生産管理部	計画本部規定 原価委員会規定 計画委員会規定 製品取扱い及び出荷規定	8.1.1, 8.1.4.1, 8.1.4.2, 8.1.4.3
	1.6 製造	製造部	生産本部規定	7.1, 7.2, 7.3, 8.1.1, 8.1.2, 8.1.3, 8.2
	1.7 搬入	物流部	計画本部規定	7.1, 7.2, 7.3, 8.1.1, 8.1.2, 8.1.3, 8.2

	1.8 カスタマーサービス	カスタマーサービス部	営業本部規定	8.1.1
2. 支援	2.1 品質管理	品質保証品質管理部	品質本部規定，製品検査規定，計測器管理規定，是正処置規定	8.1.1
	2.2 安全衛生	管理部	管理本部規定，就業規則，職務分掌及び権限規定，文書管理規定，記録管理規定，労働安全衛生環境委員会規定，労働安全衛生目標規定，安全管理手順書　局所排気，安全管理手順書　防火管理，安全管理手順書　有機溶剤，安全管理手順書　リスクアセスメント，安全管理手順書　危険源，安全管理手順書　法律，安全管理手順書　管理策，安全管理手順書　リスク及び機会	5.4，6.1.1，6.1.2.1，6.1.2.2，6.1.2.3，6.1.3，6.1.4，6.2.1，6.2.2，8.1.1，8.1.2，8.1.3，8.2，9.1.1，9.1.2，10.1，10.2，10.3
	2.3 法務	管理部	管理本部規定	8.1.1
	2.4 文書管理	管理部	文書管理規定，記録管理規定	7.5.1，7.5.2，7.5.3
	2.5 設備保全	生産技術部	設備管理規定	8.1.1，8.2
	2.6 IT サービス	管理部	監視・測定及び分析規定	8.1.1
	2.7 人事	管理部	管理本部規定	7.1，8.1.1
	2.8 教育訓練	管理部	教育訓練規定	7.1，7.2，7.3　8.1.1
	2.9 経理	管理部	管理本部規定	8.1.1
	2.10 福利厚生	管理部	管理本部規定	8.1.1
3. 経営	3.1 組織方針	企画室	取締役会規定	4.1，4.2，4.3，4.4，5.1，5.2，5.3，5.4

3.2 事業計画	企画室	取締役会規定	8.1.1
3.3 継続的改善	企画室	マネジメントレビュー規定	9.2.1, 9.2.2, 9.3
3.4 研究開発	開発設計部	開発本部規定	8.1.1
3.5 CSR	企画室	企画室規定	―
3.6 株主管理	企画室	企画室規定	―
3.7 内部監査	内部監査室	内部監査規定	9.2.1, 9.2.2

4.5.3　既存の標準書と ISO 45001 箇条の整合性

　このようにして，4.5.2項の表4-8"労働安全衛生に関係する標準書と ISO 45001箇条の結び付け一覧表"に表された標準書と ISO 45001箇条との対応を決定した後に，それぞれの内容を確認して両者の整合性を図る．表4-8に見るように，対応する標準書一つひとつについて整合を図る作業は，手間がかかるが，丁寧に実施することが労働安全衛生パフォーマンスを向上させることにもなる．

　以下に，令和工業の既存の労働安全衛生に関係する標準書に ISO 45001要求事項を加除，修正する作業を，令和工業の管理部が主管する"2.2 安全衛生"プロセスを例にとって説明をする．令和工業の安全衛生プロセスの主要な標準書に"安全衛生規定"がある．ISO 45001要求事項を令和工業の"安全衛生規定"に統合させる例を以下に示す．

　ステップ4で説明したように，"2.2 安全衛生"プロセスの細分化した活動（サブプロセス）は，次の三つであり，それぞれに結び付けられた ISO 45001の箇条は以下のようである．

2.2.1　労働法規の調査・研究に関する事項

　ISO 45001箇条：6.1.1，6.1.2.1，6.1.2.2，6.1.2.3，6.1.3，6.1.4，6.2.1，6.2.2

2.2.2　労働組合に関する事項

ISO 45001 箇条：8.1.1

2.2.3　安全衛生（労働安全衛生環境委員会）に関する事項

ISO 45001 箇条：5.4，8.1.2，8.1.3，8.2，9.1.1，9.1.2，10.1，10.2，10.3

表 4-9　"安全衛生" プロセスと結び付く ISO 45001 箇条

事業プロセス	主管部門	活動（サブプロセス）	ISO 45001 箇条
2.2 安全衛生	管理部	2.2.1 労働法規の調査・研究に関する事項	6.1.1，6.1.2.1 6.1.2.2, 6.1.2.3，6.1.3 6.1.4，6.2.1 6.2.2
		2.2.2 労働組合に関する事項	8.1.1
		2.2.3 安全衛生 (労働安全衛生環境委員会) に関する事項	5.4，8.1.2，8.1.3，8.2，9.1.1，9.1.2，10.1，10.2，10.3

4.5.4　結び付く ISO 45001 要求事項

4.5.1 項で分析した，安全衛生プロセスに結び付く ISO 45001 要求事項は，次のとおりである.

【5.4　働く人の協議及び参加】

【6.1.1　一般】

【6.1.2.1　危険源の特定】

【6.1.2.2　労働安全衛生リスク及び労働安全衛生マネジメントシステムに対するその他のリスクの評価】

【6.1.2.3　労働安全衛生機会及び労働安全衛生マネジメントシステムに対するその他の機会の評価】

【6.1.3　法的要求事項及びその他の要求事項の決定】

【6.1.4　取組みの計画策定】

【6.2.1　労働安全衛生目標】

【6.2.2　労働安全衛生目標を達成するための計画策定】

【8.1.1　一般】

【8.1.2　危険源の除去及び労働安全衛生リスクの低減】

【8.1.3　変更の管理】

【8.2　緊急事態への準備及び対応】

【9.1.1　一般】

【9.1.2　順守評価】

【10.1　一般】

【10.2　インシデント，不適合及び是正処置】

【10.3　継続的改善】

4.5.5　"労働安全衛生規定"への反映

ISO 45001 要求事項は，以下に示す"令和工業の労働安全衛生規定"のように反映させる．文中"太字で下線の引かれた部分"が修正されたか，追加されたところである．

労働安全衛生規定

●●●●年●●月●●日　制定

第 1 章　　総則

（目的）

第 1 条　この規定は，**ISO 45001:2018 と整合した**安全衛生管理活動を充実し労働災害を未然に防止するために必要な労働安全衛生方針及び基本的事項を定め，**働く人（以下従業員）** の職場における安全と健康を確保しつつ，作業遂行を円滑化し，生産性の向上を図ることを目的とする．

＜労働安全衛生方針＞

　"労働災害を未然に防止することより全社員が働き甲斐のある職場づくりを推進する．その結果，顧客や株主への満足度向上にも寄与することにもつなげる．そのために法令順守はもとより，内部監査での検出課題での重要課題**を解決して改善につなげる**."

＜ ISO 45001 要求事項と整合＞
ISO 45001 要求事項の以下の箇条と矛盾がないように規定する.
・5.4，6.1.1，6.1.2.1，6.1.2.2，6.1.2.3，6.1.3，6.1.4，6.2.1，6.2.2，
8.1.1，8.1.2，8.1.3，8.2，9.1.1，9.1.2，10.1，10.2，10.3

（用語の定義）

第 2 条　安全衛生管理とは，従業員が業務上負傷又は健康障害を負うことを防止するための諸処置を計画し，実施し，評価，改善することをいう．

　2．労働災害とは，業務に起因して発生した事故等により死亡又は身体の一部を喪失あるいは身体の一部の機能が不全になった場合，療養のため 1 日以上（負傷当日を除く）の休業を伴った場合をいう．

　3．**その他の用語は ISO 45001:2018 に従う**．

（適用の基準）

第 3 条　安全衛生管理に関しては，法令及び他の規定に定めのある場合を除き，この規定の定めるところによる．

（会社及び従業員の責務）

第 4 条　会社は，安全衛生体制を確立し，災害を防止するための安全の先取りに徹し，必要な措置を積極的に推進しなければならない．

　2．従業員は安全衛生に関する法令及び社内諸規定を順守するとともに，会社の講ずる諸処置に積極的に協力し，災害の防止に努めなければならない．

　3．従業員の代表は，次の事項に関して，会社との協議及び安全衛生委員会に参加して労働安全衛生に関する決定事項に関与する．

　管理部総務担当は，ISO 45001:2018 箇条 5.4 と整合した"働く人の協議及び参加手順書"を作成し，全社に周知し，実施をフォローする．

【協議】事項

1）利害関係者のニーズ及び期待の決定

2）労働安全衛生方針の確立

3）法的要求事項及びその他の要求事項を満足する方法の決定

4）労働安全衛生目標の確立とその達成の計画

5）外部委託，調達及び請負者に適用される管理の決定

6）モニタリング，測定及び評価対象の決定

7）監査プログラムの計画，確立，実施，維持

【参加】事項

1）協議及び参加の仕組みの決定

2）危険源の特定並びにリスク及び機会の評価

3）危険源除去，労働安全衛生リスクの低減処置の決定

4）力量の要求事項，教育訓練のニーズ及び教育訓練の決定，教育訓練の評価

5）コミュニケーションの必要がある情報及び方法の決定

6）管理方法及びそれらの効果的な実施及び使用の決定

7）インシデント及び不適合の調査，是正処置の決定

　会社は，上記の協議及び参加に必要な仕組み，時間，教育訓練及び資源を従業員に提供する．

第2章　　管理機構

（管理機構）

第5条　当社では，安全衛生組織を設置し，総括安全衛生管理者，安全管理者及び衛生管理者，あるいは安全衛生推進者を選任し運営する．

　2．当社の安全衛生組織では，危険源を各種法令の順守項目を基本に，1年に1回以上見直しを行うとともに次年度の重点活動項目（重点月間活動内容）を定める．各々の重点活動項目を基に，年度の始めに安全衛生の目標設定を行い継続的改善に努める．

３．統括の機関として労働安全衛生環境委員会を設置し，安全衛生管理に関する総合企画，調整を行う．

４．労働安全衛生環境委員会には，委員長，委員を置く．委員長は，専務執行役員（管理本部管掌），委員は通常組織の長，専門部会の長および組合代表者３名以内とし，以下の事項を審議し，実行する．

(1) 安全衛生に関する基本方針
　　管理部総務担当は，**ISO45001:2018 箇条 5.2 と整合した"安全衛生に関する基本方針"を企画室から受理し，当委員会の審議にかける．**

(2) 安全衛生に関する法的要求事項
　　管理部総務担当は，**ISO45001:2018 箇条 6.1.3 と整合した"法的要求事項及びその他の要求事項"を決定し，当委員会の審議にかける．詳細は安全衛生管理手順書"法律"に規定する．**

(3) 安全衛生に関する目標及び計画策定
　　管理部総務担当は，**ISO45001:2018 箇条 6.1.2.1 と整合した方法で"危険源の特定"を行う．詳細は安全衛生管理手順書"危険源"に規定する．**
　　管理部総務担当は，**ISO45001:2018 箇条 6.2.1 と整合した方法で"安全衛生目標"を全部門から受理し，計画作成，実施フォローを行う．**
　　管理部総務担当は，**箇条 6.1.4 と整合した"取り組みの計画"を全部門から受理し当委員会の審議にかける．**

(4) 労働安全衛生環境委員会への答申
　　管理部総務担当は，**ISO45001:2018 箇条 9.1 と整合した各拠点の"パフォーマンス評価"を実施し，その結果を本委員会に報告する．詳細は安全衛生管理手順書"パフォーマンス評価"に規定する．**

(5) 安全衛生監査
　　管理部総務担当は，**ISO45001:2018 箇条 9.2 と整合した"内部監査"の結果を内部監査室から入手し，審議にかける．詳細は"内部監査規定"に規定する．**

(6) マネジメントレビューへのインプット
　　管理部総務担当は，**ISO45001:2018 箇条 9.3 と整合した"マネジメントレビュー"の報告書を企画室から入手し，審議にかける．詳細は"マネジメントレビュー規定"に規定する．**

　(7) その他安全衛生に関して必要な答申
　　　管理部総務担当は，**ISO45001:2018 箇条 10.3** と整合した"改善"に
　　関して全部門から状況を受理し，当委員会の審議にかける．詳細は安全
　　衛生管理手順書"改善"に規定する．
　5．委員の任期は1年とし，毎年度初めに見直す．補欠または増員によっ
　　て選任された委員の任期は，他の委員の任期満了時までとする．

（総括安全衛生管理者）
第6条　総括安全衛生管理者は専務執行役員とする．

（総括安全衛生管理者の代理者）
第7条　総括安全衛生管理者の代理者は，管理本部長とする．

（安全管理者）
第8条　安全管理者は，総括安全衛生管理者が資格を有する者の中から選任する．

（衛生管理者）
第9条　衛生管理者は，総括安全衛生管理者が資格を有する者の中から選任する．

（産業医）
第10条　産業医は法令の定めるところにより，総括安全衛生管理者が選任する．

（作業主任者）
第11条　作業主任者は，総括安全衛生管理者が資格を有する者の中から選任する．

第3章　リスク及び機会の決定と評価
第12条　会社は次のリスク及び機会を決定し，評価する．
　(1)　**OHS** リスク
　　　第5条2で定めた危険源に対応する"OHS リスク"を決定し，評価する．
　　管理部総務担当は，**ISO 45001:2018 箇条 6.1.2.2** と整合した"OHS リスク
　　の決定及び評価"を全部門から受理し，当委員会の審議にかける．詳細は安
　　全衛生管理手順書"リスク及び機会"に規定する．

　(2)　**OHS** マネジメントシステムのリスク
　　　管理部総務担当は，**ISO 45001:2018 箇条 6.1.2.2** と整合した"OHS マネ
　　ジメントシステムのリスクの決定及び評価"を全部門から受理し，当委員会
　　の審議にかける．詳細は安全衛生管理手順書"リスク及び機会"，"リスクア

セスメント"に規定する.

(3)　OHS 及びその他の機会

　管理部総務担当は，**ISO 45001:2018 箇条 6.1.2.3 と整合した"OHS 及び**
その他の機会"を全部門から受理し，当委員会の審議にかける. 詳細は安全
衛生管理手順書"リスク及び機会"に規定する.

第4章　安全衛生教育

（安全衛生教育訓練の実施）

第 13 条　安全衛生に関する知識及び技能を修得させることにより，災害防止に
　　　役立たせるため，別途定めた"教育訓練規定"に基づき次の教育訓練を
　　　実施する.

　　　　　(1) 入社時及び作業内容変更時教育（ISO 45001:2018 箇条 8.1.3 と整合）
　　　　　(2) 管理監督者の安全衛生教育
　　　　　(3) 免許，技能講習，特別教育
　　　　　(4) 前各号のほか必要と認められた者の教育
　　　　　(5) 安全衛生教育の総合的計画及び集合教育の実施については，管理
　　　　　　　部門が行う.
　　　　　(6) 管理部門の協力の下に，各専門的安全衛生教育を各専門委員は企
　　　　　　　画及び実施することが出来る.

　2．教育の実施に当たって，労働安全衛生委員各組織は計画書並びに実施
　　報告書を総括安全衛生管理者に提出しなければならない.

　3．管理部総務担当は，ISO 45001:2018 箇条 7.2 と整合した労働安全衛生
　　の"力量"について，課長以下の従業員の力量マップに OHS に関する
　　力量を追加，明確化する. 詳細は"教育訓練規定"に規定する.

　4．管理部総務担当は，ISO 45001:2018 箇条 7.3 と整合した労働安全衛生
　　の"認識"について，課長以下の従業員の力量マップに OHS に関する
　　認識教育を追加，明確化する. 詳細は"教育訓練規定"に規定する.

第5章　日常安全衛生管理

（保護具，救急用具）

第 14 条　管理部総務担当は，保護具及び救急用具の配備，適正使用，維持管理
　　　について指導，教育を行うとともに，その改善に努める.

　2．安全衛生保護具の着用基準については別途安全管理規定に定める.

（作業の安全）

第15条　管理部総務担当は，作業の安全を確保するため，別途定めた"作業標準書"に安全衛生順守事項を織り込み，その周知徹底を図るとともに，従業員の作業行動から生じる災害を防止する必要な措置を講ずる．作業標準には次の事項を織り込まねばならない．

　　　　(1) 作業内容及び手順
　　　　(2) 作業時間
　　　　(3) 災害発生時の連絡先及び方法
　　　　(4) 作業の危険，有害性及び必要な措置
　　　　(5) 重量物，人力運搬基準
　　　　(6) その他，特に災害発生の危険を伴う作業については，その都度別途定める旨

　　　この内容は必要に応じて業務分掌で決められた委員が見直しし改定を行う．

　　3．管理部総務担当は，ISO 45001:2018 箇条 8.1.2 と整合した"OHS リスクの低減"のプロセスを構築し，課長以下の従業員に周知する．
　　　危険源の除去及び OHS リスクの低減は次の優先順位で行う．
　　　a) 危険源を除去する．
　　　b) 危険性の低いプロセス，操作，材料又は設備に切り替える．
　　　c) 工学的対策を行う及び作業構成を見直しする．
　　　d) 教育訓練を含めた管理的対策を行う．
　　　e) 適切な個人用保護具を使う．
　　　詳細は安全衛生管理手順書"リスク及び機会"に規定する．

（整理整頓清掃清潔躾：5S）

第16条　管理部総務担当は，常に職場の5Sについて管理監督し，従業員は自主的にこれに努め，職場を整然とした状態に保持する責務を負う．

　　　2．5S基準については職場ごとに定める．

（健康障害の防止）

第17条　管理部総務担当は，健康障害を防止するために，関係法令に従い必要な措置を講じなければならない．

　　　　（有機溶剤，鉛粉，半田ヒューム，樹脂，放射線，高温，騒音，振動，その他総括安全衛生管理者が認めた有害物の扱い作業）

（環境の整備）

第18条　管理部総務担当は法律に従い，従業員が就業する場所について，通路，床面，階段等の保全並びに換気，採光，照明，保温，防湿，休養，避難及び清潔に必要な措置，その他従業員の健康，風紀保持のための必要な措置を講じなければならない．

　　2．作業環境基準は，別途職場ごとに定める．

（就業する場所の作業環境）

第19条　作業環境測定士及び衛生管理者は，法に定める有害なものを扱う作業場所の空気その他の作業環境について，必要な測定を行い，その結果を記録し，労働安全衛生環境委員会に報告しなければならない．

　　2．衛生管理者は，就業する場所が作業環境基準を外れた場合，労働安全衛生環境委員会に報告しなければならない．

　　3．作業環境測定結果が著しく悪い場合は，総括安全衛生管理者もしくは衛生管理者は当該就業する場所へ作業員の立ち入りを禁止しなければならない．その他関係法令を順守するため関係機関への報告等を行う．

（有害物の表示）

第20条　衛生管理者は，有害物で従業員が健康障害を生じる恐れのあるものを取り扱う場合は，その容器に名称等，法に定める表示をしなければならない．

　　2．有害物の基準は法令に従い職場ごとに定める．

（有害性の調査）

第21条　衛生管理者は，有害物とみなされるものについて，従業員の健康障害を防止する為，これらのものの有害性を調査し，その結果を労働安全衛生環境委員会に報告しなければならない．

　　2．総括安全衛生管理者は，報告により必要な措置を講じる必要が生じた場合はその旨を該当部門に指示しなければならない．

　　3．専門的知識を有する部門は，進んでこれに協力しなければならない．

（健康診断等）

第22条　管理部総務担当は，従業員の健康を保持し，体力の維持を図り，病気予防のために健康診断の受診その他必要な保険衛生の措置を行わなければならない．

　　2．健康診断は原則として専門機関に依頼して実施する．

第 6 章　　災害が発生した場合の措置

（被害者の救護）

第 23 条　災害が発生した場合は，現認者と周辺に居合わせた者は，直ちに被害者を救護しなければならない．

　2．現認者は次いで被害者の所属長及び管理部へ通報しなければならない．

　3．被害者の生命に関わるような災害及び重大災害の発生については，管理部より直ちに，関係監督機関へ通報しなければならない．

　4．総括安全衛生管理者は事後調査を容易にするために，現場の保全に努めなければならない．

　5．管理部総務担当は，ISO 45001:2018 箇条 8.2 と整合した"緊急事態への訓練"を実施し，当委員会にその結果を報告する．詳細は安全衛生管理手順書"緊急事態"に規定する．

（労働災害の調査及び対策の推進）

第 24 条　労働災害が発生した場合，安全及び衛生管理者は速やかに災害検討会を開き，その原因を究明し，類似災害の防止に努めなければならない．

　2．管理部は前項の災害検討会に参画し，適切な助言を与えるとともに，類似災害防止対策の推進に積極的に協力しなければならない．

　3．安全管理者もしくは衛生管理者は，事故の大小にかかわらず，事故報告書を管理部総務担当へ提出しなければならない．

　4．管理部は，休業以上の災害については，それぞれ法定の『私傷病報告書』を労働基準監督署に提出しなければならない．

　5．管理部総務担当は，ISO 45001:2018 箇条 10.2 と整合した"インシデントに関わる是正処置"について管理のプロセスを決め，年 1 回本委員会に報告する．詳細は"是正処置規定"に規定する．

改定履歴

1．●●●●年●●月●●日　"＊＊＊＊＊＊により第●●条を企画室にて改定"

2．●●●●年●●月●●日　"＊＊＊に指摘が労働安全衛生環境委員会に届き委員会で検討し，総括安全衛生管理者の指示から第●●条を＊＊＊と改定の旨，企画室に上案し改訂"

3．●●●●年●●月●●日"ISO45001:2018 要求事項との統合"により企画室により改訂

4.5.6 新たな標準書の作成

令和工業には下記プロセスの手順書がなかったので，統合マネジメントシステムの構築に合わせて新たに追加する．いずれも ISO 45001 において確立することが要求されているプロセスである．

・内部及び外部のコミュニケーションに必要なプロセス（箇条 7.4.1）

・OHS マネジメントシステムの要求事項を満たすためプロセス（箇条 8.1.1）

・変更の管理プロセス（箇条 8.1.3）

・調達を管理するプロセス（箇条 8.1.4.1）

・緊急事態への準備及び対応（箇条 8.2）

・順守評価プロセス（箇条 9.1.2）

令和工業の例として，以下に "緊急事態への準備及び対応 – 防火手順書" を示す．

緊急事態への準備及び対応手順書
防火管理方法

●●●●年●●月●●日　制定
管理部　㊞

1．適用範囲

この規定は，令和工業における緊急事態への準備及び対応のうち，火災，その他の災害による人的，物的被害を軽減することを目的に，防火管理の方法を定める．

2．防火管理の機構（専門部会）

2-1　労働安全衛生環境委員会の構成

2-1-1　防火管理を組織的に進めるため，労働安全衛生環境委員会の中に専門部会として防火管理担当を指名する．

2-1-2　担当は防火管理について必要な各職場の責任者をもって構成し，委員長がこれを委嘱する．

2-2　部会の任務

2-2-1　防火対策要員会の任務は次による．

A．消防計画，避難計画の作成及びこれらの実施についての事項

B．防火に関する諸規定の制定

C．消防用設備等の改善強化

D．防火上の調査，研究及び企画

E．防火思想の普及抑揚

F．その他，防火に対する必要な事項

2-3　労働安全衛生環境委員会の開催

2-3-1　労働安全衛生環境委員会の開催は定例会と緊急会とする．

A．定例会は，毎月12月に開催するものとする．

B．緊急会は，防火緊急重要事態が生じた時，労働安全衛生環境委員長が召集するものとする．

2-4　防火管理責任組織

2-4-1　常時火災予防の徹底を期するため，防火管理者を定め，その下に火元責任者，その他の担当をおく．

A．消防用設備，避難施設，その他火気使用施設について適正管理と機能保持のため，点検検査員を定め点検を行わせるものとする．

B．前項による責任者及び点検検査員の編集は第1表による．

2-5　自衛消防責任組織

2-5-1　火災，その他事故発生時被害を最小限度にとどめるため，自衛消防

隊を編成し，隊長，副隊長，班長，その他必要な係をおく．
　　A．前項による編成及び任務については第2表による．
3．火災予防
　3.1 点検検査基準
　　3-1-1　火災予防上の自主検査，消防用設備等の点検基準は第3表による．
　3-2　改善処置並びに記録の保存
　　3-2-1　前項に基づく改善を要する事項を発見した場合は，速やかに防火管理者に報告するものとする．
　　　　点検の結果は，その都度第4表に定める点検検査結果報告書及び維持台帳等に記録し，保存しなければならない．
　　　　B．すべての者は，火災，その他の災害防止上必要と認めた事項については火元責任者等を通じて防火管理者に速やかに通報しなければならない．
　3-3　臨時火気使用届
　　3-3-1　構内の建物内外において，臨時に火気を使用する（ストーブ・電熱器・その他火気使用設備）場合は，火元責任者等を経て臨時火気使用願（第5表）を防火管理者へ出し許可を得なければならない．
　　　　前項の許可を受けた場合は，消火器を備え，使用上の注意事項を厳守するものとする．
　3-4　建築物及び施設の変更
　　3-4-1　構内に建築物(仮設を含む)を建築しようとする時，又は危険物を搬入あるいは危険物関係施設，火気使用施設等を新設・移転・改善する時は，防火管理者に連絡するものとする．
　　3-4-2　その際は地域の消防施設にも相談し計画を進めることとする．
　3-5　警報伝達及び火気使用の規制
　　3-5-1　相対温度30%以下，風速7m以上，火災警報発令下，又はその他の事項により火災発生の危険，人命の危険があると認めた時は，防火管理者は，その旨関係者全員に伝達し，火気使用の中止，危険な場所への立入禁止を命ずることができる．
4　災害防御
　4-1　防御
　　4-1-1　火災，その他の災害が発生した場合，被害を最小限度にとどめるため，2-5項に定める，自衛消防隊の編成により，担当任務の遂行に当たるものとする．
5．教育訓練
　5-1　教育
　　5-1-1　防火管理者は，防火に関する教育を行い，防火管理の完璧を期する

こと.

　　A．令和工業に勤務する者は，防火管理者が行う防火教育を進んで受け，防火管理の完璧を期するよう努力しなければならない.

　5.2　訓練

　5-2-1　有事に際し，被害を最小限度にとどめるため，消防訓練を実施し技術の練磨を図るものとする.

　　A．実施基準は次による.

　　・基本訓練　　通報連絡・消火・非常持出・避難・その他

　　　年 1 回以上

　　・総合訓練

　　　年 1 回以上

6. 消防機関との連絡

　6-1　連絡事項

　6-1-1　防火管理者は，3-4-2 項同様常に消防機関との連絡を密にし，防火管理の適正を期するよう努力しなければならない.

　　A．連絡事項については次による.

　　・消防計画の提出 (改正した場合は，その都度)

　　・防火査察の要請

　　・教育訓練，指導の要請

　　・建築物及び設備の使用変更時の事前連絡，その他，法令に基づく手続きの促進

　　・その他，防火管理についての必須事項

　6-1-2　緊急時における重要施設等の場所を消防隊に連絡する．社内の配置図は図に示す.

7. 賞罰

　7.1　賞揚

　7-1-1　防火管理及び消化活動について功労があったものに対しては，表彰を行うものとする.

　7-2　罰則

　7-2-1　この手順書を順守せず，活動を怠った場合は，労働安全衛生環境委員会に付し，処罰することができる.

8. 付則

　8-1　この規定は，構内に出入する諸業者，運搬業者，その他の者にも適用する.

　8-2　消防計画書

注　1〜5 表は省略した.

あ と が き

　この書籍の名称は，『ISO 45001 の経営マネジメントシステムへの統合』であり，この書籍を手にとってご覧いただいた皆様は，きっと労働安全衛生マネジメントの"システム統合"に何かしらのご興味をおもちになり読んでいただいたかと思います．

　しかし，労働安全衛生に限らず，他の品質，環境，情報セキュリティなど組織のマネジメントを運用する上で，規格がマネジメントシステムの修飾語（何をマネジメントするのか）ごとに発行されているからといって，別々のマネジメントシステムを構築してほしいとは誰も（国際規格を制定している人たちも）望んでいるわけではありません．

　国際規格ごとにマネジメントシステムがあるのではなく，皆様の組織にはもともと組織ごとに一つのマネジメントシステムが運用されています．その中で，労働安全衛生，品質，環境，情報セキュリティ…など業務分野ごとに国際的にどのような要求事項があるかを示したものが国際規格なのです．

　皆様の組織の多くが，各々の"修飾語"ごとに組織の担当者がおられる場合が多いかと思いますが，だからといって別々のマネジメントシステムという認識で組織内に構築した場合は，混乱を招いたり非効率なことになりかねません．

　今回，この書籍では ISO 45001（労働安全衛生マネジメントシステム－要求事項及び利用の手引）を，いかに皆様の組織のマネジメントシステム内に融合し皆様の組織の中で整合していただくかの一例として示すことを目的にしています．

　ぜひ再度，再度組織内を見渡していただき，"情報の機密性・完全性・可用性が担保され（情報セキュリティ），従業員の労働災害がなく（労働安全衛生），

地球環境にやさしく（環境），顧客満足が向上する製品サービスを提供する（品質）"ことは，どのような組織でも共通して必須な事項です．これらをうまく融合して自組織独自のマネジメントシステムに改変して運用していくことがマネジメントシステム活用のコツかと思います．

　ぜひ本書を参考に業務と融合したマネジメントシステムをご活用いただければ幸いです．

2019 年 10 月

斉藤　忠

索　　引

146

<著者略歴>

平林良人（ひらばやし　よしと）

1968 年	東北大学工学部機械工学科卒業
1987～1992 年	セイコーエプソン英国工場取締役工場長
2002～2011 年	東京大学大学院新領域創成科学研究科講師
2004～2007 年	経済産業省新 JIS マーク制度委員会委員
2008～2015 年	東京大学工学系研究科共同研究員
現在	株式会社テクノファ取締役会長
	ISO/TC 283（ISO 45001）日本代表エキスパート
	ニチアス株式会社社外取締役

【主な著書】
『ISO 45001:2018（JIS Q 45001:2018）労働安全衛生マネジメントシステム 要求事項の解説』（編著，日本規格協会）
『ISO 共通テキスト (附属書 SL) 解説と活用』（共著，日本規格協会）

斉藤忠（さいとう　ただし）

1986 年	電子部品メーカーに入社
1996 年	工場勤務を経て経営企画部門へ異動，現在に至る
現在	日本品質管理学会理事（事業・広報委員会委員長）
	ISO/TC 262 国内委員会委員

【主な著書】
『中小企業のための ISO 9001 内部監査指摘ノウハウ集』（共著，日本規格協会）
『持続可能な成長のための品質機能展開』（共著，日本規格協会）

**労働安全衛生マネジメントシステム ISO 45001 の
経営マネジメントシステムへの統合ガイド**

定価：本体 3,000 円（税別）

2019 年　11 月 8 日　　第 1 版第 1 刷発行

著　　　者　平林良人　斉藤忠

発 行 者　揖斐　敏夫

発 行 所　一般財団法人 日本規格協会

〒 108-0073　東京都港区三田 3 丁目 13-12 三田 MT ビル
http://www.jsa.or.jp/
振替　00160-2-195146

製　　作　日本規格協会ソリューションズ株式会社

印 刷 所　日本ハイコム株式会社

製作協力　株式会社群企画

● 当会発行図書，海外規格のお求めは，下記をご利用ください．
JSA Webdesk（オンライン注文）：https://webdesk.jsa.or.jp/
通信販売：電話（03）4231-8550　FAX：（03）4231-8665
書店販売：電話（03）4231-8553　FAX：（03）4231-8667